园林设计

Yuanlin Sheji

（第二版）

园林技术专业

黄东兵　刘桂玲　主编

U0335667

高等教育出版社·北京

内容简介

　　本书是依据教育部园林技术专业教学标准，按照"理实一体化""做中学、做中教"等职业教育教学理念，在第一版的基础上修订而成的。

　　本书按照项目－任务体例编写，以"走进'园林设计'课程"开篇，主要内容包括道路绿地设计、居住区绿地及别墅庭院园林设计、单位附属绿地设计和屋顶花园设计四大项目。项目中包含12个任务，通过案例讲解使学生掌握今后在工作实践中经常接触到的园林绿地类型的设计要点，实用性强。

　　本书适用于五年制高职及中职园林技术等园林类专业，也可作为园林行业培训教材及在职职工自学用书。

图书在版编目（ＣＩＰ）数据

园林设计 / 黄东兵，刘桂玲主编. -- 2版. -- 北京：高等教育出版社，2022.2（2025.1重印）

园林技术专业

ISBN 978-7-04-057147-9

Ⅰ. ①园… Ⅱ. ①黄… ②刘… Ⅲ. ①园林设计－中等专业学校－教材 Ⅳ. ①TU986.2

中国版本图书馆CIP数据核字(2021)第207137号

策划编辑　方朋飞	责任编辑　方朋飞	封面设计　于　博	版式设计　张　杰
插图绘制　于　博	责任校对　窦丽娜	责任印制　耿　轩	

出版发行　高等教育出版社	网　　址　http://www.hep.edu.cn
社　　址　北京市西城区德外大街4号	http://www.hep.com.cn
邮政编码　100120	网上订购　http://www.hepmall.com.cn
印　　刷　鸿博昊天科技有限公司	http://www.hepmall.com
开　　本　889mm×1194mm　1/16	http://www.hepmall.cn
印　　张　16.5	版　　次　2018年3月第1版
字　　数　310千字	2022年2月第2版
购书热线　010-58581118	印　　次　2025年1月第2次印刷
咨询电话　400-810-0598	定　　价　56.00元

教材是教学过程的重要载体，加强教材建设是深化职业教育教学改革的有效途径，是推进人才培养模式改革的重要条件，也是推动中高职协调发展的基础性工程，对促进现代职业教育体系建设，提高职业教育人才培养质量具有十分重要的作用。

为进一步加强职业教育教材建设，2012 年，教育部制订了《关于"十二五"职业教育教材建设的若干意见》(教职成〔2012〕9 号)，并启动了"十二五"职业教育国家规划教材的选题立项工作。作为全国最大的职业教育教材出版基地，高等教育出版社整合优质出版资源，积极参与此项工作，"计算机应用"等 110 个专业的中等职业教育专业技能课教材选题通过立项，覆盖了《中等职业学校专业目录》中的全部大类专业，是涉及专业面最广、承担出版任务最多的出版单位，充分发挥了教材建设主力军和国家队的作用。2015 年 5 月，经全国职业教育教材审定委员会审定，教育部公布了首批中职"十二五"职业教育国家规划教材，高等教育出版社有 300 余种中职教材通过审定，涉及中职 10 个专业大类的 46 个专业，占首批公布的中职"十二五"国家规划教材的 30% 以上。我社今后还将按照教育部的统一部署，继续完成后续专业国家规划教材的编写、审定和出版工作。

高等教育出版社中职"十二五"国家规划教材的编者，有参与制订中等职业学校专业教学标准的专家，有学科领域的领军人物，有行业企业的专业技术人员，以及教学一线的教学名师、教学骨干，他们为保证教材编写质量奠定了基础。教材编写力图突出以下五个特点：

1. 执行新标准。以《中等职业学校专业教学标准（试行）》为依据，服务经济社会发展和产业转型升级。教材内容体现产教融合，对接职业标准和企业用人要求，反映新知识、新技术、新工艺、新方法。

2. 构建新体系。教材整体规划、统筹安排，注重系统培养，兼顾多样成才。遵循技术技能人才培养规律，构建服务于中高职衔接、职业教育与普通教育相互沟通的现代职业教育教材体系。

3. 找准新起点。教材编写图文并茂，通顺易懂，遵循中职学生学习特点，贴近工作过程、技术流程，将技能训练、技术学习与理论知识有机结合，便于学生系统学习和掌握，符合职业教育的培养目标与学生认知规律。

4. 推进新模式。改革教材编写体例，创新内容呈现形式，适应项目教学、案例教学、情景教学、工作过程导向教学等多元化教学方式，突出"做中学、做中教"的职业教育特色。

5. 配套新资源。秉承高等教育出版社数字化教学资源建设的传统与优势，教材内容与数字化教学资源紧密结合，纸质教材配套多媒体、网络教学资源，形成数字化、立体化的教学资源体系，为促进职业教育教学信息化提供有力支持。

为更好地服务教学，高等教育出版社还将以国家规划教材为基础，广泛开展教师培训和教学研讨活动，为提高职业教育教学质量贡献更多力量。

高等教育出版社

2015 年 5 月

第二版前言

　　"园林设计"是职业院校园林类专业核心课程之一，是园林类专业中实用性较强、综合所学专业基础知识较多的一门课程。本书根据《国务院职业教育改革实施方案》，着眼于学生职业生涯发展，注重职业素养的培育，同时落实立德树人根本任务，在第一版的基础上进行了修订。

　　本书延续了上一版的体例在"园林设计"课程中安排了园林设计的全流程，以及城市街道绿地设计、步行商业街绿地设计、高速公路绿化设计、居住区绿地设计、别墅庭院园林设计、幼儿园绿地设计、学校绿地设计、医疗机构绿地设计、工矿企业绿地设计、机关单位绿地设计、宾馆饭店绿地设计、屋顶花园设计 12 项任务，在修订中融入了新知识、新技术、新工艺和新方法。本书配有学习卡资源，按照本书最后一页的"学习卡账号使用说明"进行操作，可获得相关教学资源。

　　"园林设计"课程具体的学时分配如下（仅供参考）：

项目序号	项目名称	任务	学时
走进"园林设计"课程			2
项目 1	道路绿地设计	1.1　城市街道绿地设计	8
		1.2　步行商业街绿地设计	2
		1.3　高速公路绿化设计	2

续表

项目序号	项目名称	任务	学时
项目 2	居住区绿地及别墅庭院园林设计	2.1 居住区绿地设计	12
		2.2 别墅庭院园林设计	4
项目 3	单位附属绿地设计	3.1 幼儿园绿地设计	2
		3.2 学校绿地设计	6
		3.3 医疗机构绿地设计	2
		3.4 工矿企业绿地设计	6
		3.5 机关单位绿地设计	2
		3.6 宾馆饭店绿地设计	2
项目 4	屋顶花园设计	设计屋顶花园	6

本书由黄东兵、刘桂玲任主编，莫计合、贾慧任副主编，陈瑜、杨小霞、张锦桃、唐震源、何其斌参加了编写工作。具体编写分工如下：

黄东兵：开篇，全书项目导入、任务目标、知识学习、项目链接、项目测试、项目小结，项目 4，刘桂玲：全书课后练习，任务 1.1、2.1、3.2 的能力培养；莫计合：任务 1.3、3.1、3.4、3.6 的能力培养；贾慧：提供能力培养案例，任务 1.2、2.2 的能力培养；陈瑜：任务 3.3 的能力培养；杨小霞：任务 3.5 的能力培养；张锦桃：项目测试；唐震源、何其斌：能力培养案例。全书由黄东兵、刘桂玲统稿。

在编写过程中，我们得到了广东如春园林设计有限公司、广东彼岸景观与建筑设计有限公司、广东创宇园林股份有限公司、成都博创景观设计有限公司，以及蒋健、陈明明、张斌、罗春光、刘文凯等单位和个人提供的图纸和照片，还参考了国内外有关著作、论文、资料及一些公司的园林设计作品，在此特向这些文献的原作者表示诚挚的谢意！此外，本书在编写过程中，得到广东生态工程职业学院、广东省林业职业技术学校、浙江建设技师学院、四川兰芝园林工程有限公司、甘肃省庆阳林业学校、广州市增城区职业技术学校、成都博创景观设计有限公司等单位领导的关心和支持，谨致以深深的谢意！

由于水平所限，不当之处在所难免，诚请读者不吝赐教，以便修正。读者意见反馈邮箱：zz_dzyj@pub.hep.cn。

编 者

2021 年 6 月

第一版前言

　　"设"者，陈设、设置之意；"计"者，谋划、策略之意。园林设计是指通过谋划、设置，使所建造的园林空间造型满足游人对其功能和审美要求的相关活动。具体而言，它是对组成园林整体的山形、水系、植物、建筑和基础设施等要素进行的综合设计，而不是只针对园林组成要素进行的专项设计。

　　"园林设计"是职业院校园林类专业核心课程之一，是园林类专业中实用性较强、综合所学专业基础知识较多的一门课程。本教材是根据教育部新颁布的园林技术专业教学标准编写的。

　　园林设计涉及的知识面较广，它包含文学、艺术、生物、生态、建筑、工程管理等诸多领域，因此，园林设计是一门研究如何运用艺术和技术手段处理自然、建筑和人类活动之间复杂关系，达到和谐完美、生态良好、景色如画之境界的一门学科。

　　园林设计的最终目的是创造出景色如画、环境舒适、健康文明的游憩境域。一方面，园林是反映社会意识形态的空间艺术，园林要满足人们精神文明的需要；另一方面，园林又是社会福利事业，是现实生活的实景，因此，还要满足人们休息、娱乐的物质文明的需要。

　　本着这一目的，我们在"园林设计"课程中安排了园林设计的全流程，以及城市街道绿地设计、步行商业街绿地设计、高速公路绿化设计、居住区绿地设计、别墅庭院园林设计、幼儿园绿地设计、学校绿地设计、医疗机构绿地设计、工矿企业绿地设计、机关单位绿地设

计、宾馆饭店绿地设计、屋顶花园设计 12 项任务。具体的学时分配如下:

项目序号	项目名称	任务	学时
走进"园林设计"课程			2
项目 1	道路绿地设计	1.1　城市街道绿地设计	8
		1.2　步行商业街绿地设计	2
		1.3　高速公路绿化设计	2
项目 2	居住区绿地及别墅庭院园林设计	2.1　居住区绿地设计	12
		2.2　别墅庭院园林设计	4
项目 3	单位附属绿地设计	3.1　幼儿园绿地设计	2
		3.2　学校绿地设计	6
		3.3　医疗机构绿地设计	2
		3.4　工矿企业绿地设计	6
		3.5　机关单位绿地设计	2
		3.6　宾馆饭店绿地设计	2
项目 4	屋顶花园设计	设计屋顶花园	6

本书的主要特点如下:

（1）理念正确。以就业为导向，以学生为主体，着眼于学生职业生涯发展，注重职业素养的培育。在知识学习取舍上，着重讲述在园林设计中必须用到的或与其有关联的知识；在能力培养选择上，着重基本设计技能的综合训练，注重做中学、做中教，教学做合一，理论实践一体化，使学生毕业后能够尽快适应岗位工作要求。

（2）内容贴切。按照岗位需求、课程目标选择教学内容，体现"四新"、必需和够用，对接行业标准，易学易懂。全书涵盖了道路绿地设计、居住区绿地设计、单位附属绿地设计、屋顶花园设计等典型工作项目，与园林设计实践紧密关联，充分体现新知识、新技术、新工艺和新方法。

（3）结构合理。本书模拟园林设计的工作场景，以"项目—任务"为主要线索，共设置四大项目 12 个任务，依据学生的知识程度，深入浅出地将设计原理作必要的交代，让学生明白为什么这么做。能力培养的范例多来自实际工程或教学实践，体现模块化、系列化。书中体例结构反映工作逻辑，载体选择适当，内容编排合理，适合职业院校学生学习。

（4）形式多样。编写形式新颖多样，喜闻乐见，交互性强，内容表现科学规范。在结构体系、语言文字、版式设计等方面进行了求新、求实、求活的探索，力求既有利于教师教学，又有助于提高学生的阅读兴趣和能力，引导学生主动思考、深入理解和准确把握所学内容。图、文、声、像并茂，立体化呈现，直观鲜明，形象生动，趣味性强。

（5）队伍精干。本书编写人员在资历搭配、地域分布等方面构成合理，园林企业深度参与。第一主编为广东省职业教育教学名师，具有较丰富的教学经验和生产实践经验。编写团队有园林设计公司、园林工程公司的技术骨干参与。

（6）适用面广。本书适合五年制高职及中职园林类专业使用，也可作为园林行业培训教材及在职职工自学用书。

本书由黄东兵、刘桂玲任主编，莫计合、贾慧任副主编，陈瑜、杨小霞、张锦桃、唐震源、何其斌参加了编写工作。具体编写分工如下：

黄东兵：开篇，全书项目导入、任务目标、知识学习、项目链接、项目测试、项目小结，项目 4，刘桂玲：全书课后练习，任务 1.1、2.1、3.2 的能力培养；莫计合：任务 1.3、3.1、3.4、3.6 的能力培养；贾慧：提供能力培养案例，任务 1.2、2.2 的能力培养；陈瑜：任务 3.3 的能力培养；杨小霞：任务 3.5 的能力培养；张锦桃：项目测试；唐震源、何其斌：能力培养案例。全书由黄东兵、刘桂玲统稿。

在编写过程中，我们得到了广东如春园林设计有限公司、广东彼岸景观与建筑设计有限公司、广东创宇园林股份有限公司、成都博创景观设计有限公司，以及蒋健、陈明明、张斌、罗春光、刘文凯等单位和个人提供的图纸和照片，还参考了国内外有关著作、论文、资料及一些公司的园林设计作品，在此特向这些文献的原作者表示诚挚的谢意！此外，本书在编写过程中，得到广东生态工程职业学院、广东省林业职业技术学校、浙江建设技师学院、四川兰芝园林工程有限公司、甘肃省庆阳林业学校、广州市增城区职业技术学校、成都博创景观设计有限公司等单位领导的关心和支持，谨致以深深的谢意！

由于水平所限，不当之处在所难免，诚请读者不吝赐教，以便修正。读者意见反馈邮箱：zz_dzyj@pub.hep.cn。

编　者

2017 年 6 月

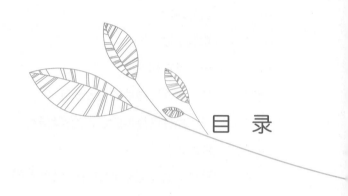

目　录

　　"绿色与和平"是联合国确定的 21 世纪的主题，人类希冀与自然达成更高的精神默契，自然也以绿色的轻纱安放人类内心的安宁。园林艺术凝固了人类美化自然的愿景，带着与自然交流的永恒体验，带着梦中的天地、理性的浪漫、怡情的庭院……向我们走来。

　　园林技术专业二年级学生袁琳好学上进，对园林设计兴趣浓厚。春季开学的第一天，袁琳领到了心仪已久的《园林设计》教材，一边翻着印刷精美的教材，一边在想，教材内容这么丰富，要怎样才能学好呢？带着这个问题，她找到《园林设计》科任老师——黄老师。黄老师耐心地告诉她："园林设计"这门课是以"园林美术""园林制图""园林植物识别""园林设计基础"等课程为基础，通过认真学习道路绿地设计、居住区绿地设计、单位附属绿地设计、屋顶花园设计等知识，结合能力培养、课后练习和项目测试，使同学们能够独立设计各类常见的小型园林绿地，并能在设计中充分考虑人类活动和环境的协调关系。

　　在学习这些项目内容前，我们先来了解园林的内涵、园林绿地的组成要素、园林设计的概念和意义、园林设计流程、课程学习的方法等，以便明确学习要求，树立学习目标。

一、园林的内涵

　　古代传说中，不论是西王母的"瑶池仙境"，基督教的"伊甸园"，还是佛教的"西方极乐世界"，都是根据人间的优美自然环境加以理想化的塑造而成的美好境域，它们经过口头流传到付诸文字记载，令人仰慕。人们最早在布建祭祀场所时追寻探求，继而拥有权势的人在其生活的空间中加以效仿，即使是一般的大众也在生产、生活的空间中尽其所能地利用自然因素来改善自己的现实生存环境。园林及其建造经过漫长的历史发展至今，已成为全世界数十亿人口共享、共识、共同研究的自然科学与人文科学相结合的学科。

1. 何谓园林

还是让我们从"园"字说起吧。

为"园"字的古写法（图 0-1），其中：○表示围墙、范围，引申为建筑；

⊥表示土，引申为山石；◯表示井，引申为水体；⋎表示芽，引申为植物。

图 0-1　某学校实训中心主入口花坛设计效果图

由此可将"园林"解释为"在一定地域内运用工程技术和艺术手段，因地制宜地改造地形、整治水系、栽种植物、营造建筑和布置园路等方法创作而成的优美的游憩境域"。

我国古代，根据园林的不同性质和用途，园林有多种称谓，如园、囿、苑、园亭、庭园、园池、山池、池馆、别业、山庄等。时至今日，园林的范畴不仅包括城镇中星罗棋布的大小公园、庭院和由纵横交错的绿化网络所组成的绿色系统，而且还包括对广袤大地上一切风景资源的保护、利用和游赏条件的合理安排，因此，现代园林既包括了庭园、宅园、小游园、花园、植物园、动物园，也包含了广场、街道、森林公园、风景名胜区、国家公园的游览区等。现代园林的使用价值不仅在于供人游赏和美化环境，而且应该体现如何在保持人类理想生存条件方面发挥尽可能大的作用，或者说发挥园林在改善物质环境方面的效能，以有利于生态系统的良性循环。当然，在改善环境的气候、卫生状况，提供优美的户外游憩场所，或作为一种审美对象，甚至成为一件艺术珍品等不同的使命方面，不同类型的园林各有其不同的主要目的。而无论何种园林绿地，在实现了其主要功能效益的同时如何尽可能多地发挥其他方面的有益作用，也是园林设计者经常思考的问题。

世界古典园林分为东方、西亚和欧洲三大体系，其特点见表 0-1。

表 0-1　世界古典园林三大体系特点比较

	代表性的国家或地区	园林特点	代表性的园林形式
东方园林	中国、日本、东南亚	自然式园林	中国写意山水园、日本缩景园
西亚园林	叙利亚、伊朗、伊拉克	混合式园林	叙利亚大马士革的伊甸园、古巴比伦空中花园、波斯天堂园和水法

续表

	代表性的国家或地区	园林特点	代表性的园林形式
欧洲园林	古希腊、古罗马、意大利、法国、英国	规则式园林	古希腊柱廊园、古罗马别墅园、意大利台地园、法国平面图案式园林、英国自然风景园

中国园林文化历史悠久，在园林设计方面积累了许多优秀的文化内涵及造景的成功经验（图0-2～图0-7），被誉为"世界园林之母"。继1994年12月承德避暑山庄被列入世界文化遗产后，拙政园等一批苏州古典园林于1997年12月、北京颐和园和北京天坛于1998年12月先后被列入世界文化遗产，这些宝贵的民族遗产无疑应予以珍视。随着思想文化、生活方式和科学技术的发展，园林的内容和形式必须在合理运用传统成就的基础上不断创新，走雅俗共赏之路。

图0-2　北京颐和园

图0-3　承德避暑山庄

图0-4　苏州拙政园

图0-5　扬州个园

图0-6　苏州网师园（小桥·流水·人家）

图0-7　东莞可园

2. 绿化与园林的关系

"绿化"一词源于苏联，是"城市居民区绿化"的简称，在我国大约有 50 年的历史。"园林"一词为中国传统用语，据考证始于汉代班彪的《游居赋》："……享鸟鱼之瑞命，瞻淇澳之园林，美绿竹之猗猗，望常山之巍巍，登北岳而高游……"（张国强，《中国园林》2007 年第 6 期），在我国已有近 2000 年历史。绿化单指植物因素，而植物是园林的重要组成要素之一。因此，绿化是园林的基础，是局部；园林是对环境中各组成要素的有机整合，是整体。绿化注重植物栽植和实现生态效益的物质功能，同时也含有一定的"美化"意思；园林则更加注重精神功能，在实现生态效益的基础上，特别强调艺术效果和综合功能。因此，① 在国土范围内，一般将普遍的植树造林称为"绿化"，将具有更高审美质量的风景名胜区等优美环境称为"园林"；② 在城市范围内，一般将郊区的荒山植树和农田林网建设称为"绿化"，将市区的绿色空间称为"园林"；③ 在市区范围内，将普通的植物种植和美学质量一般的绿色空间建设称为"绿化"，将经过精心规划、设计和施工管理的公园、花园称为"园林"。

园林与绿化在改善生态环境方面的作用是一致的，在审美价值和功能的多样性方面是不同的。"园林绿化"有时作为一个名词使用，即用行业中最高层次的和最基础的两个方面来描述整个行业，其意思与"园林"的内涵相同。园林可以包含绿化，但绿化不能代表园林。

二、园林绿地的组成要素

园林绿地的组成要素包括园林地形、园路广场、园林建筑和园林植物等。在此要特别强调的是：各种园林绿地都是设计者在一定的自然景观、人文景观基础上，利用地形、水体、园路广场、园林建筑与小品以及园林植物等物质要素，科学而艺术地组合而成的一个综合艺术品。正确地理解各个园林绿地组成要素的作用、特点和设计要领，可以使我们设计的园林绿地符合自然规律、艺术原理及工程技术要求，能更加充分地发挥园林绿地的功能。园林景观和园林整体功能的实现是各组成要素综合作用的结果（图 0-8），绝不应当孤立地考虑某一种要素。

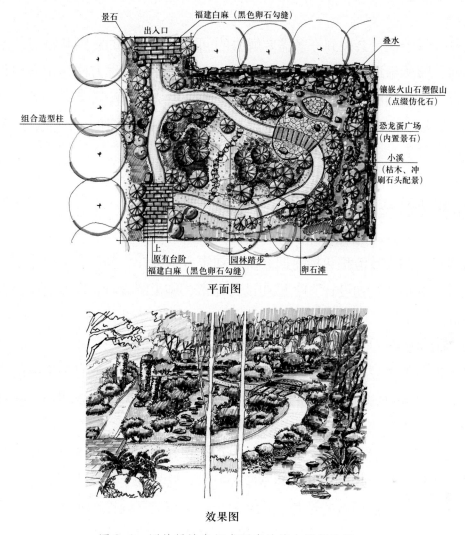

景石
出入口
福建白麻（黑色卵石勾缝）
叠水
镶嵌火山石塑假山
（点缀仿化石）
组合造型柱
恐龙蛋广场
（内置景石）
小溪
（枯木、冲
刷石头配景）
上
原有台阶
园林踏步
卵石滩
福建白麻（黑色卵石勾缝）

平面图

效果图

图 0-8 园林绿地各组成要素的综合运用示例

三、园林设计的概念和意义

园林绿化是现代化城市建设的重要组成部分，也是必不可少的一项基础设施。园林绿地建设和其他建设项目一样，应当有计划、有步骤地进行。每一块绿地的建设要根据城市或小区总体规划，做出一个比较周密完整的设计方案，它不仅应该符合总体规划所规定的功能要求，贯彻"以人为本"的基本方针，而且应该体现"美观、经济、适用"的原则。园林设计是园林绿地建设施工的前提和指导，是施工的依据。凡是新建和扩建的园林绿化建设项目，一定要有正规设计，没有设计不得施工。

"设"者，陈设、设置之意；"计"者，计谋、策略之意。园林设计是指通过谋划、设置，使所建造的园林空间造型满足游人对其功能和审美要求的相关活动。具体而言，它是对组成园林整体的山形、水系、植物、建筑和基础设施等要素进行的综合设计。

园林设计中往往会碰到许多需要解决的问题，如建园的意图和特点，园址现状条件如何，园林绿地的内容、形式和布局，山水地形的处理方法，出入口与园林铺地的设置，主要园林建筑的形式，园林植物的合理选择与配置等。此外，还要解决好近期和远期、局部和整体的关系，以及要考虑造价及投资的合理性、服务经营等有关问题。

四、园林设计流程

园林设计的大致流程包括前期准备、初步方案设计、初步方案评审、扩大初步设计（以下简称"扩初设计"）、扩初设计评审、施工图设计，以及施工图交底与施工配合。

1. 前期准备

前期准备的主要内容是：接受设计任务、基地实地踏勘，有关资料的收集等。

作为一个园林绿地建设项目的业主（俗称"甲方"）往往会邀请一家或几家设计单位进行该项目的方案设计。

作为设计方（俗称"乙方"）在与业主初步接触时，要了解整个项目的概况，包括建设规模、投资规模、可持续发展等方面，特别要了解业主对这个项目的总体框架方向和基本实施内容的设想。总体框架方向确定了这个项目是一个什么性质的园林工程，基本实施内容确定了绿地的服务对象。这两点把握住了，规划总原则就可以正确制订了。

另外，业主会选派熟悉基地情况的人员，陪同设计方至基地现场踏勘，收集规划设计前必须掌握的原始资料。

这些资料包括：

（1）所处地区的气候条件

气温、光照、季风风向、水文、地质土壤（酸碱性、地下水位）。

（2）周围环境

主要道路，车流人流方向。

（3）基地内环境

湖泊、河流、水渠分布状况，各处地形标高、走向等。

设计方结合业主提供的基地现状图（又称"红线图"），对基地进行总体了解，对较大的影响因素做到心中有底，今后做总体构思时，对不利因素加以克服和避让，对有利因素可充分合理地利用。此外，还要在总体和一些特殊的基地地块内进行摄影，收集实地现状信息，以便加深对基地的感性认识。

例如，在广东中山君怡花园一期园林设计中，设计单位根据现场情况（图0-9）并结合业主提供的建设规划总图（图0-10），提出了"蔚蓝沁岸""花团锦簇"的设计构思，得到了业主的认同。

图0-9 中山君怡花园现场照片

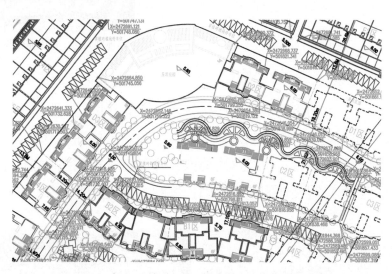

图0-10 中山君怡花园一期建筑规划平面图（局部）

2. 初步方案设计

初步方案设计的主要内容是：初步的总体构思及修改，方案的第二次修改，文本的制作包装，业主的信息反馈等。

（1）初步的总体构思及修改

基地现场收集资料后，就必须立即进行整理、归纳，以防遗忘那些较细小却有较大影响因素的环节。

　　在着手进行总体规划构思之前，必须认真阅读业主提供的"设计任务书"或"设计招标书"，充分了解业主对建设项目各方面的要求，包括总体定位性质、内容、投资规模、技术经济相符控制及设计周期等。在这里，还要提醒广大同学一句话：**要特别重视对设计任务书的阅读和理解，一遍不够，多看几遍，充分理解，"吃透"设计任务书的"精髓"。**

　　在进行总体规划构思时，要将业主提出的项目总体定位做一个构想，并和与之相关的文化内涵及深层的警世寓意相结合，同时，必须考虑将设计任务书中的规划内容融合到有形的规划构图中去（图0-11）。

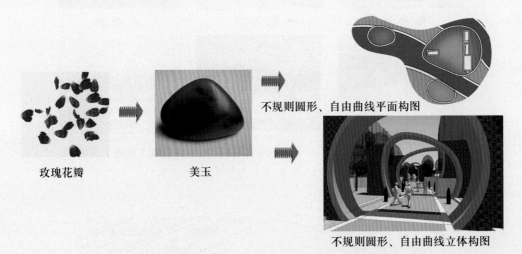

玫瑰花瓣　　　　　美玉

不规则圆形、自由曲线平面构图

不规则圆形、自由曲线立体构图

图0-11　设计元素演绎

　　构思草图只是一个初步的规划轮廓，接下去要将草图结合收集到的原始资料进行补充、修改，逐步明确总图中的入口、广场、道路、湖面、绿地、建筑小品、管理用房等各元素的具体位置。经过这次修改，会使整个规划在功能上趋于合理，在构图形式上符合园林景观设计的基本原则：美观、舒适（图0-12、图0-13）。

图0-12　方案设计平面图（局部）　　　图0-13　方案设计景点效果图

（2）方案的第二次修改

　　经过了初次修改后的规划构思，还不是一个完全成熟的方案。设计人员此时应该虚心请教、集思广益，多渠道、多层次、多次数地听取各方面的建议。不但要向老设计师们请教方案的修改意见，而且还要虚心向中青年设计师们讨教，集思广益，充分交流、沟通，更能提高整个方案的新意与活力。

大多数规划方案，由于甲方在时间要求上往往比较紧迫，因此设计人员特别要注意两个问题：

🍃 切忌只顾进度，一味求快，最后导致设计内容简单枯燥、无新意，甚至完全搬抄其他方案，图面质量粗糙，不符合设计任务书要求。

🍃 切忌过多地更改设计方案构思，花过多时间、精力去追求图面的精美包装，而忽视对规划方案本身质量的重视。这里所说的方案质量是指：规划原则是否正确，立意是否具有新意，构图是否合理、简洁、美观，是否具可操作性等。

（3）文本的制作包装

整个方案全都定下来后，图文的包装必不可少。现在，它正越来越受到业主与设计单位的重视。将规划方案的说明、投资框（估）算、水电设计的一些主要节点汇编成文字部分；将规划平面图、功能分区图、绿化种植图、小品设计图、全景透视图、局部景点透视图汇编成图纸部分。文字部分与图纸部分相结合，就形成一套完整的规划方案文本。

（4）业主的信息反馈

业主拿到规划方案文本后，一般会在较短时间内给予答复，答复中会提出一些调整意见，包括：修改、添删项目内容，投资规模的增减，用地范围的变动等。针对这些反馈意见，设计人员要在短时间内对方案进行调整、修改和补充。

现在各设计单位计算机出图已相当普及，因此局部的平面调整还是能较顺利地按时完成的。而对于一些较大的变动，或者总体规划方向的大调整，则要花费较长一段时间进行方案调整，甚至推倒重做。

对于业主的信息反馈，设计人员如能认真听取反馈意见，积极主动地完成调整方案，则会赢得业主的信赖，对今后的设计工作能产生积极的推动作用；相反，设计人员如马马虎虎、敷衍了事，或拖拖拉拉，不按规定日期提交调整方案，则会失去业主的信任，甚至失去这个项目的设计任务。

一般调整方案的工作量没有前面的工作量大，大致需要一张调整后的规划总图（图0-14）和一些必要的方案调整说明、框（估）算调整说明等，但它的作用却很重要，之后的方案评审会及施工图设计等，都是以调整方案为基础进行的。例如，在广东中山君怡花园一期园林设计中，设计单位根据业主的意见将水景进一步丰富，由单一的溪流改为溪流、瀑布、跌水和鱼池相结合，与设计主题更加吻合。

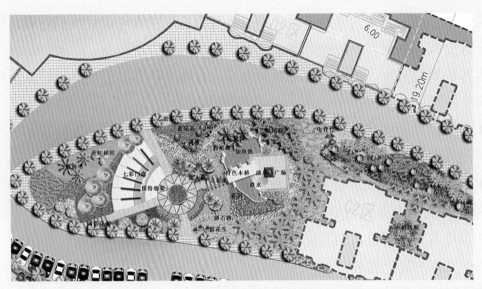

图 0-14　设计调整方案（局部）

3. 初步方案评审

由有关部门组织的专家评审组，会集中一天
或几天时间，召开初步方案的专家评审（论证）
会。出席会议的人员，除了各方面专家外，还有
建设方领导以及项目设计负责人和主要设计人员
（图 0-15）。

作为设计方，项目负责人一定要结合项目的
总体设计情况，在有限的一段时间内，将项目概
况、总体设计定位、设计原则、设计内容、技术

图 0-15　方案评审

经济指标、总投资估算等诸多方面内容，向领导和专家们做一个全方位汇报。汇报
人必须清楚，自己心里了解的项目情况，专家们不一定都了解，因而，在某些环节
上要尽量介绍得透彻一点、直观一点，并且一定要具有针对性。在初步方案评审会
上，宜先将设计指导思想和设计原则阐述清楚，然后再介绍设计布局和内容。设计
内容的介绍，必须紧密结合先前阐述的设计原则，将设计指导思想及原则作为设计
布局和内容的理论基础，而后者又是前者的具象化体现。两者应相辅相成，缺一不
可。切不可造成设计原则和设计内容南辕北辙。

初步方案评审会结束几天后，设计方会收到打印成文的专家组评审意见。设计
负责人必须认真阅读，对每条意见，都应该有一个明确答复，对于特别有意义的专
家意见，要积极听取，立即落实到方案修改稿中。

4. 扩大初步设计

设计者结合专家组方案评审意见，进一步扩大初步设计（简称"扩初设计"）。

在扩初文本中，应该有深化调整方案总平面图；景观总平面尺寸图；景观平面布置索引图；竖向设计图；局部平面放大图，典型景观平、立、剖及详图；各园建小品的设计形式交底（入口广场、喷泉、水景、假山、亭廊、树池等）（图0-16）；植物配置图，苗木表；水景设计图；铺装设计图，工程量清单；区域彩色铺装图（需表达清楚铺装材料、波打线、路缘石等）；小区交通导示系统设计图；户外灯具布置图，特色灯具详图；灌溉系统布置图；各种户外家具、成品型号选择图；物料表；彩色样板图册等。

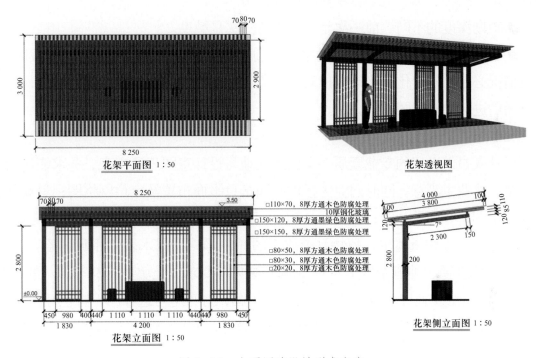

图 0-16　主要园建设计形式交底

在扩初文本中，还应该有详细的水、电气设计说明，如有较大用电、用水设施，要绘制给排水、电气设计平面图。

5. 扩初设计评审

在扩初设计评审会上，评委们的意见不会像初步方案评审会那样分散，而是比较集中，也更有针对性。设计负责人的发言要言简意赅，对症下药。根据初步方案评审会上专家们的意见，要介绍扩初文本中修改过的内容和措施。未能修改的，要充分说明理由，争取得到评委们的理解。

在初步方案评审会和扩初设计评审会上，如条件允许，设计方应尽可能运用多媒体技术，如PPT进行讲解，这样，能使整个方案的规划理念和精细的局部设计效果完美呈现，使设计方案更具表现力。

一般情况下，经过初步方案评审会和扩初设计评审会后，总体规划平面图和具体设计内容都能顺利通过评审，这就为施工图设计打下了良好的基础。总体来说，扩初设计越详细，施工图设计越省力。

6. 施工图设计

（1）基地的再次踏勘

基地的再次踏勘，至少有 3 点与前期基地踏勘不同：

🍃 参加人员范围的扩大。前一次是设计项目负责人和主要设计人，这一次必须增加建筑、结构、水、电等各专业的设计人员。

🍃 踏勘深度的不同。前一次是粗勘，这一次是精勘。

🍃 掌握最新的、变化了的基地情况。前一次与这一次踏勘相隔较长一段时间，现场情况必定有了变化，必须找出对今后设计影响较大的变化因素加以研究，然后调整随后进行的施工图设计。

（2）施工图的设计

设计人员以良好的专业素质，全面细致地将设计意图表达出来，务求能达到最佳效果，让业主满意。同时向业主提供：园景总平面布置及定位网格图；景观平面分区索引图；竖向设计图；园建小品施工大样图；水景设计平、立、剖及详图；铺装设计详图，工程量清单；植物种植施工图（图 0-17），苗木表（注明胸径、冠幅、高度、土球直径、种植密度）及种植施工说明与要求（土壤、肥料等）；乔、灌、草地被综合图；交通导示设计详图；灯具布置图，灯具型号选择图，特色灯具详图；灯具表：包括名称、彩色图片、技术参数、数量、使用位置等；灌溉系统布置图；

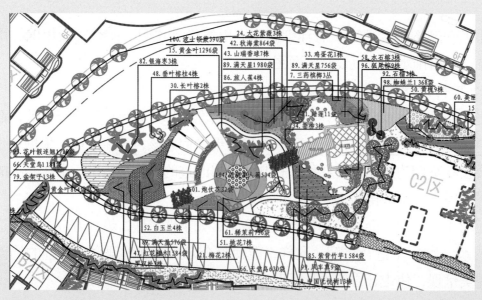

图 0-17　植物种植施工图（局部）

景观给排水图（与小市政综合）；强弱电系统布置图；各种户外家具、饰物、成品的型号选择及安装大样图，名录清单；其他细部设计详图，如台阶、坡道、栏杆、花池等；物料表：彩色样板图册，包括材料名称，彩色图片、规格、颜色、表面处理工艺、使用位置、图号、数量等；背景音乐设计等。

（3）施工图预算编制

严格来说，施工图预算编制并不算是设计步骤之一，但它与工程项目本身有着千丝万缕的联系，因而有必要在此简述。

施工图预算是以扩初设计中的概算为基础的。该预算涵盖了施工图中所有设计项目的工程费用，包括：土方地形工程总造价，建筑小品工程总造价，道路、广场工程总造价，绿化工程总造价，水、电安装工程总造价等。

7. 施工图交底与施工配合

（1）施工图的交底

业主拿到施工设计图纸后，会联系监理方、施工方对施工图进行看图和读图。看图属于总体上的把握，读图属于具体设计节点、详图的理解。

之后，由业主牵头，组织设计方、监理方、施工方进行施工图设计交底会。在交底会上，业主、监理、施工各方提出看图后发现的各专业方面的问题，各专业设计人员对口答疑。一般情况下，业主方的问题多涉及总体上的协调、衔接；监理方、施工方的问题常提及设计节点、大样的具体实施。双方侧重点不同。由于上述三方是有备而来，并且有些问题往往是施工中的关键节点，因而设计方在交底会前要充分准备，会上要尽量结合设计图纸当场答复；现场不能回答的，经慎重考虑后尽快做出答复。

（2）设计方的施工配合

设计方的施工配合工作往往会被人们所忽略。其实，这一环节对设计师、对工程项目本身恰恰是相当重要的。

设计方应于以下情况派设计师赴发包人所在地进行施工配合：

🍃 协助发包人挑选或审查适合执行本工程的承建商。在招标进行期间，提供所需的设计意向、施工图则和规范说明。

🍃 视察苗圃，监管承建商预备种植的材料；配合发包人往工地现场监督，查核本工程建造文件上所示的物料，并直接监督种植树木的种类及种植土堆填工程。

🍃 协助发包人检查承建商的施工进度，并就发包人付款情况提出建议。

🍃 配合发包人提供工地督导，以确保工程按图纸施工，包括种植初期的保养视察与最后的工程验收。

🍃 协助发包人解决由一些意外因素引起的硬景和软景建造的技术性问题。

🍃工程施工最后阶段，协助发包人完成工程遗漏清单，此清单上的内容需要在工程整体完成后和发包人最终检查验收前进行修正。

🍃参加工程竣工验收。

🍃除派设计师到现场进行技术指导外（图 0-18），设计方随时应发包人的要求，以 E-mail 或传真的方式就发包人提出的问题进行解答。

图 0-18　现场服务

五、学习本门课程的方法

学习园林设计应把握好"五要"：

1. 要总结

善于汲取古今中外园林设计之精华，做到"古为今用""洋为中用"，继承与发展相结合，提高园林设计水平。

2. 要领会

本课程学习自始至终贯穿着一条主线，那就是各类园林绿地的设计原则与设计要点（求）。在整个学习过程中，我们将从不同的角度，在不同的层面上，一再看到这条主线的展示。如果能够把握住它，就意味着抓住了整个课程的关键，掌握了理解全部内容的钥匙。

3. 要注意

我们是在学习了"园林美术""园林制图""园林植物识别""园林测量""园林设计基础"等课程的基础上学习这门课程的，因此，有许多相关的园林知识没有在本书中重复，或者再从头讲起。当然，本书也根据内容需要，以提示的方式强调对有关园林知识的运用，但更多的场合需要我们主动地去借鉴和运用已学知识。谁能较好地做到这一点，谁就能够提高学习效率和效果，就能合理、有效地进行道路绿地、居住区绿地、单位附属绿地、屋顶花园等各类园林绿地的设计。

4. 要懂得

在世界园林发展历程的大背景下，深刻地理解中国园林发展的趋势，也是我们学习这门课程的一个重要的出发点和落脚点。

5. 要"四勤"

本课程是一门要求知识面广、实践性强的课程，在学习过程中要"脑勤、口勤、手勤、腿勤"，做到"左图右画，开卷有益；模山范水，集思广益"，勇于实践，敢于创新。同时，还要熟练掌握包括文字说明、园林手绘、计算机辅助设计在内的设计语言，以便将设计构思完整、规范、准确、美观地表达出来。

预祝同学们学有所乐、学有所得、学有所悟，为今后的工作打下坚实的基础！

项目 1

道路绿地设计

项目导入

　　袁琳的父亲是一名出租车司机，3 月份的一个周末傍晚他收班回家，苦恼地对袁琳说："最近中山一路十字路口的中心岛改造成了活动小广场，里面设置了休闲活动设施，经常有人尤其是老人穿过马路去那里玩，搞得我们开车时要小心翼翼，生怕撞到他们"。袁琳惊讶地说，我刚学了道路绿化设计，按照城市道路绿化设计规范，十字路口的中心岛是不能布置成供行人休息用的小游园、广场，也不能布置吸引人的地面装饰物，应该以嵌花草为主或以低矮的常绿灌木组成色块图案或花坛，以免影响视线。

　　道路绿地主要指城市街道绿地，穿过市区的公路、铁路、高速干道的防护绿带等，它是城市园林绿化系统的重要组成，直接反映城市的面貌和特点。它的功能类似穿针引线，联系城市中分散的"点""面"绿地，织就一张城市绿网，是改善城市生态景观环境、实施可持续发展的主要途径。道路绿地设计应遵循道路绿化设计规范，不影响道路的通行能力和行车、行人安全，满足道路交通功能及城市环境景观要求。本项目主要通过城市街道绿地、步行商业街绿地和高速公路绿化的设计能力培养，使学生熟悉城市街道绿地、步行商业街绿地及高速公路绿化的设计原则，掌握其设计要点。

　　本项目的学习内容为：（1）城市街道绿地设计；（2）步行商业街绿地设计；（3）高速公路绿化设计。

任务 1.1　城市街道绿地设计

知识： 1. 了解城市街道绿地的作用、类型、功能分类及专业术语。
　　　　2. 理解城市街道绿地的设计原则。
　　　　3. 掌握城市街道绿地的设计要点。
技能： 1. 能够针对案例，分析该城市街道绿地的类型、作用及功能。
　　　　2. 能够根据城市街道绿地的设计要点，合理地进行人行道、分车带、交叉路口、交通岛等绿化景观设计。

一、城市街道绿地的作用

1. 营造城市景观

现代城市不仅需要气势雄伟的高楼大厦、纵横交织的立交桥、绚丽多彩的灯光，更需要蓝天、白云、绿树、鲜花、碧水和新鲜的空气。而城市街道绿化，不仅可以美化街景、软化建筑硬质线条、优化城市建筑艺术特征，还可以释放新鲜氧气，缓解污浊空气，遮掩城市街道上不甚美观的地方。国内外一些大城市，如美国的华盛顿、德国的波恩、澳大利亚的悉尼、中国的深圳（图1-1-1）等，由于处处是草坪、绿树、鲜花，街道绿化程度高，空气清新，被人们誉为"国际花园城市"。

图 1-1-1　深圳深南大道绿化景观

2. 区分道路功能

利用城市街道绿地的绿化带，可以将道路分为上下行车道、机动车道、非机动车道和人行道等，这样可以避免发生交通事故，保障了行人车辆的交通安全（图1-1-2）。

另外，在交通岛、立体交叉口、广场、停车场等地段也要进行绿化。利用这些不同形式的绿化，可以起到组织城市交通、保证车行速度、保障行人安全、改善交通状况的作用。绿色植物还可以减轻司机的视觉疲劳，规范行人行走路线，愉悦司机和行人情绪，这在一定程度上也减少了交通事故的发生。

图 1-1-2　东莞大道的绿化带有效区分了道路功能

3. 保护城市环境

城市街道上茂密的行道树，建筑前的绿化以及街道旁各种绿地，对于调节城市街道附近的温度、增加湿度、减缓风速、净化空气、降低辐射、减弱噪声和延长街道使用寿命等有明显效果。在绿化良好的街道上，距地面 1.5 m 处的空气含尘量比无绿化的地段低 56.7%；具有一定宽度的绿化带可以明显地将噪声减弱 5~8 dB；夏天树荫下水泥路面的温度要比阳光下低 11 ℃左右。因此，交通绿地对于城市环境保护的作用是显而易见的。

4. 提供休闲场地

城市街道绿地除行道树和各种绿化带外，还有面积大小不同的街头休息绿地、城市广场绿地、公共建筑前的绿地。这些绿地内经常设有园路、广场、坐凳、宣传栏、小型休息建筑等设施，可为附近居民提供锻炼身体（如跑步、跳舞、打太极拳）、散步的地方及休息的场所。这些绿地与城市大公园不同，它们距居住区较近，所以绿地的利用率比大公园高，弥补了城市公园分布不均造成的缺陷，居民上下班、上下学、出行购物经过街道绿地的时候会感到心情舒畅。

5. 作为应急场所

城市街道绿地为防灾、战备提供了条件，它可以伪装、掩蔽，在地震时可搭棚，战时可砍树架桥。

二、城市街道绿地的主要类型

1. 一板二带式（一块板）

由一条车行道、两条绿化带组成（图 1-1-3）。

一板二带式中间为车行道，两侧种植行道树与人行道分隔。其优点是用地经济，管理方便，规则整齐，在交通量较少的街道可以采用（图 1-1-4）。缺点是景观比较单调，而且车行道过宽时，遮阳效果差。另外，机动车与非机动车车流混合，

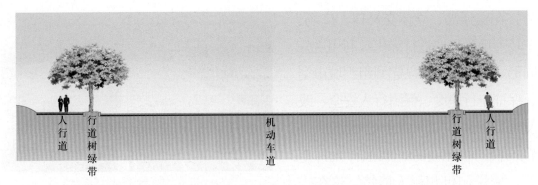

图 1-1-3　一板二带式

图 1-1-4　一板二带式实景街拍

安全性差。

2. 二板三带式（两块板）

由两条车行道、中间两边共三条绿化带组成（图1-1-5）。

图 1-1-5　二板三带式

　　二板三带式可将上下行车辆分开，适用于宽阔道路。绿带宽度超过 8 m 时可设计成林荫道，生态效益较好。其优点是用地较经济，可避免上、下行机动车之间发生事故。缺点是由于不同车辆同向混合行驶，还不能完全杜绝交通事故。此种形式多用于城市入城公路（图1-1-6）、环城道路和高速公路。

图 1-1-6　二板三带式实景街拍

3. 三板四带式（三块板）

利用两条分隔带把车行道分为 3 块，中间为机动车道，两侧为非机动车道，连同车道两侧的行道树共 4 条绿带（图 1-1-7）。

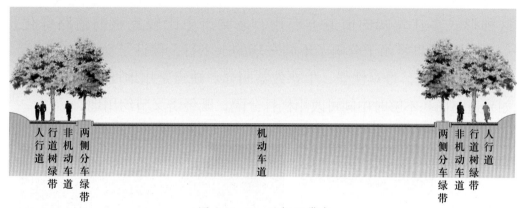

图 1-1-7　三板四带式

此种形式在较宽街道上应用较多，是现代城市较常用的道路绿化形式（图 1-1-8）。其优点是机动车、非机动车、行人分道明显，大大提高了安全性；环境保护效果好，街道形象整齐美观。缺点是用地面积较大。

图 1-1-8　三板四带式实景街拍

4. 四板五带式(四块板)

利用三条分隔带将车道分成为4条，使不同车辆分开，均形成上下行，共有五条绿化带(图1-1-9)。

图1-1-9 四板五带式

这种形式多在宽阔的街道上应用，是城市中比较完整的道路绿化形式(图1-1-10)。其优点是由于分隔了不同车辆的上下行，保证了交通安全和行车速度；绿化效果显著，景观性强，生态效益明显。缺点是用地面积大，经济性差。因此如果道路面积不够时中间可改用栏杆分隔，既经济又节约用地。

标准的四板五带式　　　　　　　改用栏杆分隔的四板五带式

图1-1-10 四板五带式实景街拍

5. 其他形式

随着城市化建设速度的加快，原有城市道路已不能适应城市面貌改善和车辆日益增多的需要，因此有必要改善传统的道路形式，因地制宜设置绿带。根据城市街道所处的地理位置、环境条件等特点，灵活采用一些特殊的绿化形式。如在建筑附近、宅旁、山坡下、水边等地多采用一板一带式，即只有一条绿化带，既经济又美观(图1-1-11)。

图 1-1-11　其他形式

三、城市街道绿地的设计原则

1. 安全

安全是城市街道绿地设计中首先考虑的问题。为防止行人随意穿行，要在行道树绿带提高植物的密实度，在行人必须穿越的路段要设置栏杆并画上斑马线（图 1-1-12）。在城市街道交叉口视距三角形范围内采用通透式配置，避免影响驾驶员的视线；在保证行车、行人安全的前提下，绿地中的植物不应遮挡司机在一定距离内的视线，不应遮蔽交通管理标志。同时，城市街道绿地应遮挡汽车眩光。

2. 生态

降温遮阳、防尘减尘、防风防火防震是城市街道绿地特有的生态防护功能（图 1-1-13），是城市其他硬质材料所无法替代的。设计时可采用遮阳、遮挡、阻隔手

图 1-1-12　道路绿地的安全设置　　　　图 1-1-13　道路绿地的生态功能

法，栽植形式采用密林式、疏林式、地被式、群落式以及行道树式等来改善道路及其附近地域的小气候条件。

3. 行为

城市街道空间是供人们相互往来与休息，以及货物流通的通道。考虑到我国城市交通的构成情况和未来发展前景，街道空间应根据不同街道的性质、各种用路者的比例做出符合现代交通条件下行为规律与视觉特性的设计，需要对道路交通空间活动人群，根据其不同的出行目的以及驾驶或乘坐不同交通工具所产生的行为特性、视觉特性加以研究，并从中找出规律，作为城市街道绿地设计的一个依据。

4. 整体

城市街道绿地设计除了应符合园林美学要求、遵循一定的形式美原则外，还应根据城市街道的性质、建筑风格、风土民俗、气候环境进行综合考虑，使绿地与道路环境中的其他景观元素相协调，与地形环境 沿街建筑紧密结合，与城市自然景色（山峦、湖泊、绿地等）、历史文物（古建筑、古桥梁、古塔、民居等），以及现代建筑有机结合在一起（图1-1-14），把城市街道环境作为一个整体加以考虑，进行一体化设计，才能给通过该路段的人们留下较为便利的使用感受和深刻、完整的印象。

5. 特色

城市街道绿地的景观是城市景观的重要组成部分，因此在设计中应根据不同的街道绿地形式、不同的道路级别、不同用路者的视觉特性和观赏要求、不同道路的景观和功能要求来进行灵活选择，形成"一路一树""一路一花（图1-1-15）""一路一景""一路一特色"等各具风格的道路绿化景观。

图1-1-14　素雅的道路绿化与中山纪 念堂古朴的围墙融为一体　　　　图1-1-15　"一路一花"——广州市人 民北路的紫荆花

6. 合理

城市街道绿地设计应充分考虑道路上的建筑、附属设施，地下管线、地下构筑物及地下沟道等的位置进行合理布局。

7. 长久

土壤、气候和养护管理水平是影响植物生长的重要因素，在进行城市街道绿地设计时，应充分考虑才能保证城市街道绿地景观的长久性。

四、城市街道绿地的功能分类及专用术语

1. 城市街道道路功能分类

（1）城市主干道

包括高速交通干道、快速交通干道（图1-1-16）、普通交通干道和区镇干道。

（2）市区支道

这是小区街坊内的道路，直接连接工厂、居住区（图1-1-17）、公共建筑。车速一般为15~45 km/h。断面的变化较多，车道划分不规则。

图1-1-16　广州市东西走向主干　　　图1-1-17　连接居住区的市区支道
道——东风路

（3）专用道路

城市规划中考虑有特殊需要的道路。例如，专供公共汽车行驶的道路、专供自行车行驶的非机动车道以及城市绿地系统中步行林荫道等均为专用道路。

2. 城市街道绿地设计专用术语

（1）道路红线

道路红线指在城市规划图纸上划分出的建筑用地与道路用地的界线，常以红色线条表示，故称道路红线（图1-1-18）。**道路红线是街面或建筑范围的法定分界线，是线路划分的重要依据。**

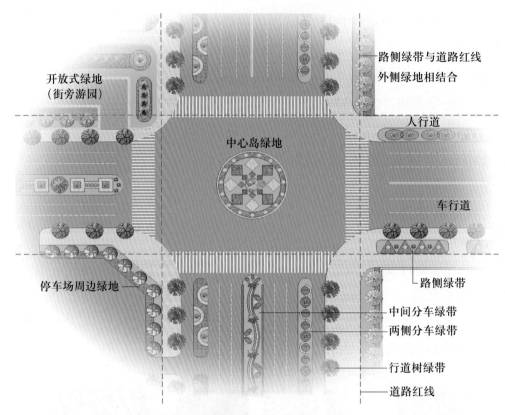

开放式绿地
（街旁游园）

中心岛绿地

路侧绿带与道路红线
外侧绿地相结合

人行道

车行道

路侧绿带

中间分车绿带

两侧分车绿带

行道树绿带

道路红线

停车场周边绿地

图 1-1-18　道路绿地设计专用术语

（2）道路分级

道路分级指根据道路的位置、作用和性质将道路分成不同级别。目前我国城市道路大都按三级划分，即主干道（全市性干道）、次干道（区域性干道）、支路（居住区或街坊道路）。道路分级决定了道路所采用的宽度和线型设计类别。

（3）道路总宽度

道路总宽度也称路幅宽度，即规划建筑线（道路红线）之间的宽度。道路总宽度是道路用地范围，包括横断面各组成部分用地的总称。

（4）道路绿地

道路绿地指道路及广场用地范围内的可进行绿化的用地。道路绿地分为道路绿带、交通岛绿地、停车港和停车场绿地。

🍃道路绿带：道路红线范围内的带状绿地。道路绿带分为分车绿带、行道树绿带和路侧绿带（参见图 1-1-18）。

分车绿带：车行道之间可以绿化的分隔带，其位于上下机动车道之间的为**中间分车绿带**，位于机动车与非机动车道之间或同方向机动车道之间的为**两侧分车绿带**。

行道树绿带：布设在人行道与车行道之间，以种植行道树为主的绿带。

路侧绿带：在道路侧方，布设在人行道边缘至道路红线之间的绿带。

🍃交通岛绿地：可绿化的交通岛用地。交通岛绿地分为中心岛绿地、导向岛绿地（图1-1-19）和立体交叉绿岛（图1-1-20）。中心岛绿地指位于交叉路口上可以绿化的中心岛用地；导向岛绿地指位于交叉路口上可绿化的导向岛用地；立体交叉绿岛指互通式立体交叉干道与匝道围合的绿化用地。

图 1-1-19　导向岛绿地　　　　　　　　图 1-1-20　立体交叉绿岛

🍃停车港和停车场绿地：停车港和停车场用地范围内的绿化用地。

（5）道路绿地率

道路绿地率指道路红线范围内各种绿带宽度之和占总宽度的百分比。

（6）园林景观路

园林景观路指在城市重点路段，强调沿线绿化景观，体现城市风貌、绿化特色的道路。

（7）装饰绿地

装饰绿地指以装点、美化街景为主，不让行人进入的绿地。

（8）开放式绿地

开放式绿地指绿地中铺设游步道，设置坐凳等，供行人进入游览休息的绿地。

（9）通透式配置

通透式配置指绿地上配置的树木应在距相邻机动车道路面高度 0.9～3.0 m 范围内，其树冠不遮挡驾驶员视线的植物配置方式。

五、城市街道绿地植物选择

1. 寒冷积雪地区的城市

分车绿带、行道树绿带种植的乔木，应选择落叶树种。

2. 行道树

应选择深根性、分枝点高、冠大荫浓、生长健壮、适应城市道路环境条件，且落果对行人不会造成危害的树种。

3. 花灌木

应选择花繁叶茂、花期长、生长健壮和便于管理的树种。

4. 绿篱植物和观叶灌木

应选择萌芽力强、枝繁叶密、耐修剪的树种。

5. 地被植物

应选择茎叶茂密、生长势强、病虫害少和易管理的木本或草本观叶、观花植物。其中草坪地被植物应选择萌蘖力强、覆盖率高、耐修剪和绿色期长的种类。

六、城市街道各类绿地设计

（一）道路绿带设计

1. 分车绿带设计

（1）植物配置

分车绿带的植物配置应形式简洁、树形整齐、排列一致，乔木树干中心至机动车道路缘石外侧距离不宜小于 0.75 m。

（2）中间分车绿带

所配置的植物应阻挡相向行驶车辆的眩光，其高度在距相邻机动车道路面高度的 0.6~1.5 m 范围内，配置植物的树冠应常年枝叶茂密，其株距不得大于冠幅的 5 倍。

（3）两侧分车绿带

宽度大于或等于 1.5 m 的，应以种植乔木为主，并宜乔木、灌木、地被植物相结合；其两侧乔木树冠不宜在机动车道上方搭接。分车绿带宽度小于 1.5 m 的，应以种植灌木为主，并应灌木、地被植物相结合。

（4）行人横穿分车绿带的处理方式

当行人横穿道路时必然横穿分车绿带，这些地段的绿化设计应根据人行横道线在分车绿带上的不同位置采取相应的处理办法，既要满足行人横穿马路的要求，又不致影响分车绿带的整齐美观。如图 1-1-21 所示，有三种情况：

🍃人行横道线在绿带顶端通过，在人行横道线的位置上用铺装取代绿化（图 1-1-21a）。

🍃人行横道线在靠近绿带顶端位置通过，在绿带顶端留下一小块绿地，在这一小块绿地上可以种植低矮植物或花卉（图 1-1-21b）。

🍃人行横道线在分车绿带中间某处通过，在行人穿行的地方不能种植绿篱及灌木，可种植落叶乔木（图 1-1-21c）。

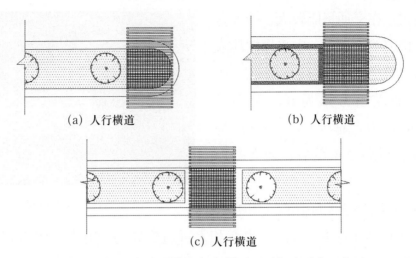

(a) 人行横道　　　　　　　(b) 人行横道

(c) 人行横道

图 1-1-21　分车绿带与人行横道不同组合形式示意图

（5）公共交通车辆中途停靠站的设置

公共交通车辆的中途停靠站一般都设在靠近快车道的分车绿带上（图 1-1-22a），车站的长度约 30 m，在这个范围内一般不能种灌木、花卉，可种植乔木，以便夏季为等车乘客提供树荫。当分车绿带宽 5 m 以上时，在不影响乘客候车的情况下，可以设置草坪、花卉、绿篱和灌木，并设矮栏杆进行保护（图 1-1-22b）。

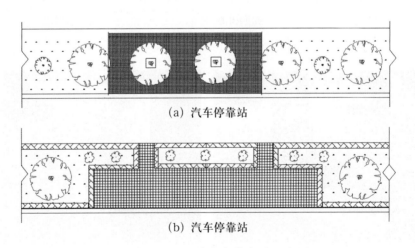

(a) 汽车停靠站

(b) 汽车停靠站

图 1-1-22　公共汽车停靠站示意图

2. 行道树绿带设计

（1）行道树种植方式

🌿 树带式：是在人行道和车行道之间留出一条不加铺装的种植带（图 1-1-23），树带式种植带宽度一般不小于 1.5 m，以 4~6 m 为宜，可植 1 行乔木和绿篱或视不同宽度植多行乔木和绿篱。一般在交通量少、人流不大的情况下采用这种种植方式，有利于树木生长。在种植带树下铺设草皮以免裸露的土地影响路面的清洁，同时要留出适当距离的铺装过道，以便人流通行或汽车停站。

🍃树池式：在交通量比较大，行人多而人行道又狭窄的街道上，宜采用树池式（图 1-1-24）。

一般树池以正方形为好，大小以 1.5 m×1.5 m 较为合适（图 1-1-25）；另外长方形以 1.2 m×2 m 为宜；还有圆形树池，其直径不小于 1.5 m（图 1-1-26）。行道树宜栽植于几何形的中心。树池的

图 1-1-23　树带式

边石有高出人行道 10~15 cm 的，也有和人行道等高的，前者对树木有保护作用，后者行人走路方便，现多选用后者。在主要街道上还覆盖特制混凝土盖板石或铁花盖板保护植物，于行人更为有利。

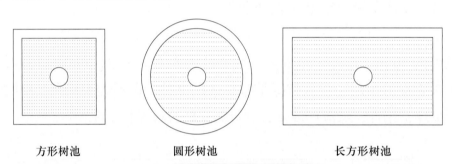

方形树池　　　　　圆形树池　　　　　长方形树池

图 1-1-24　常用树池式示意图

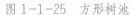

图 1-1-25　方形树池

图 1-1-26　圆形树池

（2）行道树定干高度及株距

行道树的定干高度，应根据道路交通状况、道路的性质、道路宽度及行道树距车行道的距离、树木分枝角度而定。当苗木出圃时，胸径一般以 12~15cm 为宜。树干分枝角度越大的，干高就不得小于 3.5 m；分枝角度较小者，干高也不能小于 2 m，否则会影响交通。对于行道树的株距，一般要根据所选植物成年冠幅大小来确定。另外，道路交通或市容的需要也是考虑株距的重要因素。因此，应视具体条件而定，以成年树冠郁闭效果好者为佳。常用的株距有 4 m、5 m、6 m、8 m 等，见表 1-1-1。

表 1-1-1 行道树的株距

树种类型	通常采用的株距 /m			
	准备间移		不准备间移	
	市区	郊区	市区	郊区
快长树（冠幅 15 m 以下）	3~4	2~3	4~6	4~8
中慢长树（冠幅 15~20cm）	3~5	3~5	5~10	4~10
慢长树	2.5~3.5	2~3	5~7	3~7
窄冠树	—	—	3~5	3~4

（3）行道树与工程管线之间的关系

随着城市化进程的加快，各种管线包括架空线和地下管网等，不断增多。这类管线一般多沿道路走向布设，因而易与城市街道绿化产生矛盾，故一方面要在城市总体规划中考虑，另一方面又要在详细规划中合理安排，为树木生长创造有利条件。配置行道树时，要充分考虑一般大型通行车辆的尺寸（表 1-1-2），另外，更要处理好植物与建筑、构筑物的水平间距（表 1-1-3）、树木与架空线路的间距（表 1-1-4），以及植物与地下管线、地下构筑物的最小距离（表 1-1-5）。

表 1-1-2 一般大型车辆尺寸

车类度量	无轨电车	公共汽车	载重汽车
高度 /m	3.15	2.94	2.56
宽度 /m	2.15	2.50	2.65
离地高度 /m	0.36	0.20	0.30

表 1-1-3 植物与建筑、构筑物的最小水平距离

名称	最小水平距离 / m	
	至乔木中心	至灌木中心
有窗建筑物外墙	3.0	1.5
无窗建筑物外墙	2.0	1.5
道路侧面外缘、挡土墙脚、陡坡	1.0	0.5
人行道	0.75	0.5
高 2 m 以下围墙	1.0	0.75
高 2 m 以上围墙	2.0	1.0
天桥、栈桥的柱及架线塔电线杆中心	2.0	不限
冷却池外缘	40.0	不限
冷却塔	塔高的 1.5 倍	不限

名称	最小水平距离 / m	
	至乔木中心	至灌木中心
体育用场地	3.0	3.0
排水明沟外缘	1.0	0.5
邮筒、路牌、车站标志	1.2	1.2
警亭	3.0	2.0
测量水准点	2.0	1.0
人防地下室入口	2.0	2.0
架空管道	1.0	
一般铁路中心线	3.0	4.0

表 1-1-4　树木与架空线路的间距

架空线类型	树木枝条与架空线的水平距离 /m	树木枝条与架空线的垂直距离 / m
1 kV 以下电力线	1	1
1～20 kV 电力线	3	3
35～140 kV 电力线	4	4
150～220 kV 电力线	5	5
电线明线	2	2
电信架空线	0.5	0.5

表 1-1-5　植物与地下管线及地下构筑物的最小距离

名称	至植物中心最小距离 / m	
	乔木	灌木
给水管、闸井	1.5	不限
污水管、雨水管、探井	1.0	不限
电力电缆、探井	1.5	
热力管	2.0	1.0
弱电电缆沟、电力电线杆	2.0	
路灯电杆	2.0	
消防龙头	1.2	1.2
煤气管、探井	1.5	1.5
乙炔氧气管	2.0	2.0
压缩空气管	2.0	1.0
石油管	1.5	1.0
天然瓦斯管	1.2	1.2
排水盲管	1.0	0.5
人防地下室外缘	1.5	1.0
地下公路外缘	1.5	1.0
地下铁路外缘	1.5	1.0

3. 路侧绿带设计

🍂 路侧绿带应根据相邻用地性质、防护和景观要求进行设计，并应保持在路段内的连续与完整的景观效果。

🍂 路侧绿带宽度大于 8 m 时，可设计成开放式绿地。开放式绿地中，绿化用地面积不得小于该段绿带总面积的 70%。路侧绿带与毗邻的其他绿地一起辟为街旁游园时（图 1-1-27），其设计应符合现行行业标准《公园设计规范》（CJJ 48）的规定。

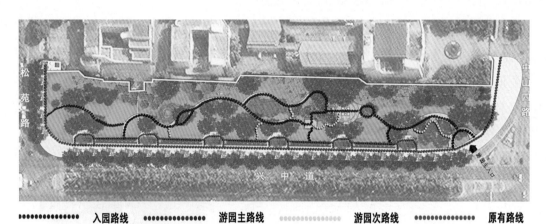

●●●●●●●●●● 入园路线　　●●●●●●●●●● 游园主路线　　●●●●●●●●●● 游园次路线　　●●●●●●●●●● 原有路线

（a）路线分析图

（b）设计效果图

图 1-1-27　街旁游园设计

🍂 濒临江、河、湖、海等水体的路侧绿地，应结合水面与岸线地形设计成滨水绿带。滨水绿带的绿化应在道路和水面之间留出透景线。

🍂 道路护坡绿化应结合工程措施栽植地被植物或攀缘植物。

（二）交通岛绿地设计

1. 立体交叉绿岛

（1）安全视距和视距三角形的概念

🍃安全视距：为了保证行车安全，在道路交叉口必须为司机留出一定的安全视距，使司机在这段距离能看到对面及左右开来的车辆，并有充分刹车和停车的时间，而不致发生事故。这种从发觉对方汽车立即刹车到车完全停下来的距离称之为**安全视距**，也称**停车视距**。视距的大小，随道路允许的行驶速度、道路的坡度、路面质量而定，一般采用30~35 m的安全视距。

🍃视距三角形：根据相交道路，可在交叉口平面上绘出一个三角形，称为"视距三角形"（图1-1-28）。

在道路交叉口视距三角形范围内，行道树应采用通透式配置（图1-2-29）。

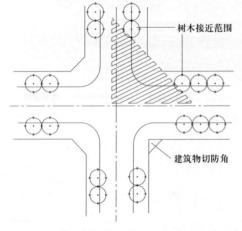

图1-1-28　视距三角形示意图　　　图1-1-29　道路交叉口视距三角形范围内的行道树

（2）立体交叉绿岛的设计

🍃立体交叉指城市中两条高等级的道路相交处、高等级跨越低等级道路交叉处，或是快速道路的入口处。这些交叉形式不同，交通量和地形也不相同，需要灵活处理。

在立体交叉处，绿地布置要服从该处的交通功能，使司机有足够的安全视距。例如，出入口可有作为指示标志的植物，使司机看清入口；在弯道外侧，最好种植成行的乔木，以引导司机的行车方向，同时使司机有安全感。因此在立体交叉进出口处和准备会车的地段、在立体交叉匝道内侧道路有平曲线的地段不宜种植遮挡视线的密集树木（如绿篱或灌木），其高度也不能超过司机的视高，使司机能通视前方的车辆。在弯道外侧，植物应连续种植成线，不使视线涣散，并预示道路方向和曲率，有利于行车安全（图1-1-30）。

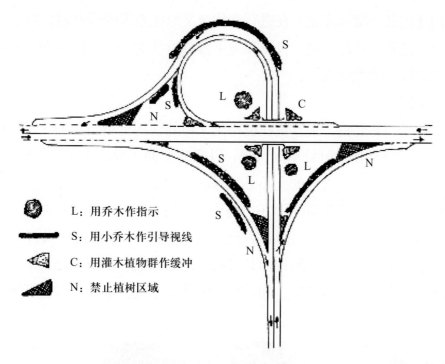

图 1-1-30　立体交叉绿地设计示意图

✦立体交叉绿岛是立体交叉道路中面积比较大的绿化地段，一般应种植开阔的草坪，草坪上点缀有较高观赏价值的常绿植物和花灌木，也可以种植观叶植物组成的模纹色块和宿根花卉（图 1-1-31）。

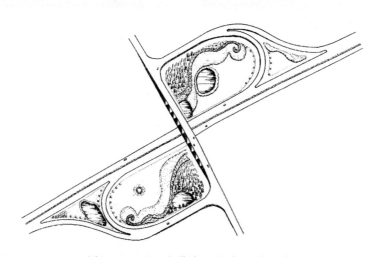

图 1-1-31　立体交叉绿岛设计示意图

如果绿岛面积较大，在不影响交通安全的前提下，可以按照街心花园或中心广场的形式进行布置，设置小品、雕塑、园路、花坛、水池、座椅等设施。

立体交叉绿岛处在不同高度的主次干道之间，往往有较大的坡度，这对绿化是不利的，可设挡土墙减缓绿地坡度，一般以不超过 5% 为宜。

绿岛内还需装设喷灌设施。在进行立体交叉绿化地段的设计时，要充分考虑周围的建筑物、道路、路灯、地下设施和地下各种管线的关系，做到地上、地下合理安排，以取得较好的绿化效果。

2. 中心岛绿地

中心岛绿地俗称转盘，通常设在道路交叉口处，用于组织环形交通，使驶入交叉口的车辆一律绕岛作逆时针单向行驶，以顺畅交通，提高交叉路口的通行能力。中心岛一般设计成圆形，直径的大小必须保证车辆能按照一定的速度以交织方式行驶。圆形中心岛直径一般为 40~60 m，而小城镇的中心岛直径也不能小于 20 m。

中心岛绿地应保持各路口之间的行车视线通透，不能布置成供行人休息用的小游园、广场，或布置吸引人的地面装饰物，而常以嵌花草皮花坛为主，或以低矮的常绿灌木组成色块图案或花坛，切忌用常绿小乔木或大灌木，以免影响司机视线（图 1-1-32）。

华南师范大学校道中心岛　　　　　　马来西亚马六甲市中心岛

图 1-1-32　中心岛绿地

3. 导向岛绿地

导向岛绿地为引导交通流的异形小岛，多由直线和圆曲线组合成三角形（图 1-1-33）。导向岛各顶端处应做成圆弧形，其半径一般为 0.5~1.0 m；导向岛与车道外侧应保持 0.25~0.50 m 的偏移距离。导向岛绿地应配置地被植物，以保持视线通透（图 1-1-34）。

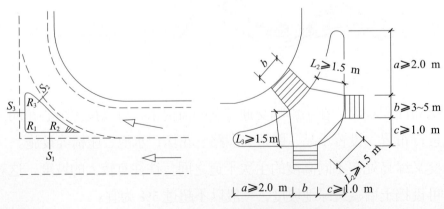

图 1-1-33　导向岛常规数据图

图 1-1-34　导向岛绿化设计效果图

（三）停车港、停车场绿地设计

1. 停车港的绿化

在城市中沿着路边停车，将会使车道变小，从而影响交通，故可在路边设凹入式的"停车港"，并在周围植树，使汽车在树荫下可以避阳（图 1-1-35），既解决了停车的要求，又增加了街景的美化效果（图 1-1-36）。

图 1-1-35　停车场周边蔽荫树　　　　　　图 1-1-36　停车港绿化

2. 停车场的绿化

随着人民生活水平的提高和城市发展速度的加快，机动车越来越多，对停车场的要求也越来越高。一般在较大的公共建筑物，如剧场、体育馆、展览馆、影院、商场、饭店等附近都应设停车场，停车场周边应种植高大庇荫乔木（参见图 1-1-36），并宜种植隔离防护绿带；在停车场内宜结合停车的隔离防护绿带种植高大庇荫乔木（图 1-1-37）。停车场种植的庇荫乔木可选择行道树种，其树木枝下高度应符合停车位净高度的规定，即小型汽车为 2.5 m，中型汽车为 3.5 m，载货汽车为 4.5 m。

图 1-1-37　停车场绿化设计效果图

能力培养

城市街道绿地设计训练
——以宁波市江东区民安路绿地绿化升级改造设计方案为例

1. 任务分析

宁波江东区民安路全长 1 718.7 m，道路两侧以居住区、学校等为主，人流量较大（图 1-1-38）。

图 1-1-38　民安路绿化现状分析图

整条道路以徐戎路为界，分为南北两段。

北段中间分车宽 3.0 m，现有绿地大部分以绿篱为主，长势差，需要补植；街头绿地植物色彩、种类单一；不满足停车场绿地设计规范。

南段中间分车带宽 1.5 m，隔离带缺少色叶树种，且公交站点处行人穿越现象严重；居住区和学校外侧环境脏、乱，墙面局部剥落，缺少花灌木与地被植物。

2. 类型、作用及功能分析

该道路属于城市主干道中的普通交通干道。其道路绿地最重要的作用是，利用中间分车绿带和行道树绿带将道路分为机动车道、非机动车道和人行道，以避免发生交通事故，保障了行人车辆的交通安全。此外，对于营造城市景观，保护城市环境也发挥了一定的作用。

从绿地的景观特征看，该道路绿地属于简易式布局，即街道绿化布局中最简单、最原始的布局形式，其道路的断面布置形式属于二板三带式。

3. 设计原则分析

（1）与道路的性质、功能相适应——安全性

交通安全是城市道路绿地设计中应首先考虑的问题。在本案道路景观升级改造中，在必须穿越至公交站处彻底打通中间分车绿带，并设置斑马线（图 1-1-39）。

图 1-1-39 安全性考虑

（2）具备一定的生态功能——生态性

道路植物景观主要功能是遮阳、滞尘、减噪等。在本案道路景观升级改造中，

尽可能保留基础绿带和防护绿带原有生长状况良好的大树,根据立地、光照、位置等条件,设计复层植物群落,增加植物种类,提高道路的生态功能,同时减少外界对建筑内部的干扰(图1-1-40)。

图1-1-40　基础绿带的生态性改造

(3)符合人们的行为规律——人性化

在本案中,设计了三处袖珍型开放式绿地,使城市建设更具人性化和个性化色彩。场地A沿道路一侧做微地形,另一侧结合挡土墙设计坐凳,为行人提供休憩场所,搭配落叶树种与常绿花灌木,营造四季有景可赏的景观(图1-1-41)。

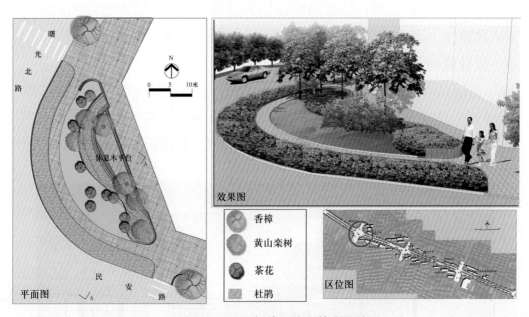

图1-1-41　场地A的人性化设计

场地B处建立半开放式绿地,种植桂花、红叶石楠、夏鹃、山茶,绿地内侧铺设游步道,设置坐凳等,供行人休息(图1-1-42)。

场地C处下层利用细叶针茅和茶梅的块状间隔种植方式,上层种植二乔玉兰,旁植香樟,体现色彩的变化(图1-1-43)。

(4)与街景环境融为一体——整体性

在本案道路绿地设计中,除了遵循一定的艺术构图原理外,还把道路环境作为一个整体加以考虑,进行一体化设计,充分考虑原有植物,植物种类、形式的变化不宜过多,以防破坏原有生态及植物景观的整体感和统一感(图1-1-44),以便行人通过该路段时能留下深刻而完整的印象。

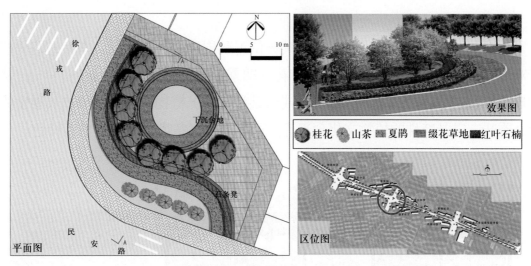

图 1-1-42 场地 B 人性化设计

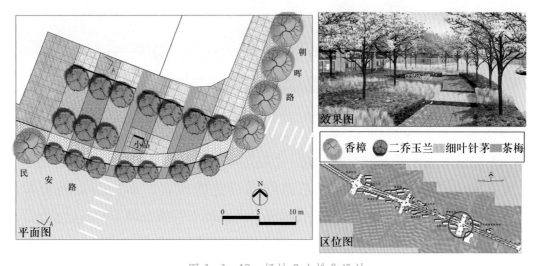

图 1-1-43 场地 C 人性化设计

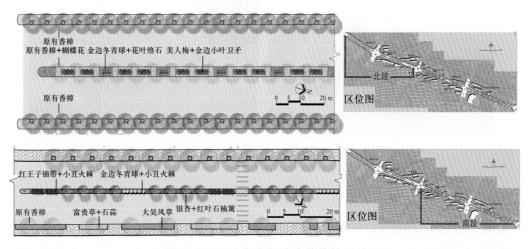

图 1-1-44 南北段道路整体性设计

（5）形成独特植物景观——独特性

营造景观特色应综合考虑道路的具体位置及周边地块的情况。本案道路的植物景观主题及定位明确，营造了三季有花、四季常青的绿化效果（图1-1-45）。从植物景观季相、植物的造型及其组合，或以某种（类）植物，特别是植物表现出的色彩、香味，以及特殊的植物文化含义等方面考虑这三条道路的植物景观特色。

图1-1-45　南北段道路独特性设计

（6）充分考虑街道上的交通设施、道路附属设施和地下管线——合理性

本案道路设计中，充分考虑道路附属设施的位置，不遮蔽交通管理标志（图1-1-46）。此外，在道路绿地的设计中充分考虑地下管线、地下构筑物及地下通道的布局，从而切实有效地对居住建筑、商业建筑起到美化和保护作用（图1-1-47）。

图1-1-46　交通附属设施的保留　　　图1-1-47　建筑周围的美化设计

（7）充分考虑自然条件——长久性

土壤、气候和植物养护管理是决定植物生长的重要因素。在本案道路绿化工程中，采用了土壤改良措施（包括改善土壤通气性、土壤改良及树穴土的改良）（图1-1-48），保证城市景观的长久性。

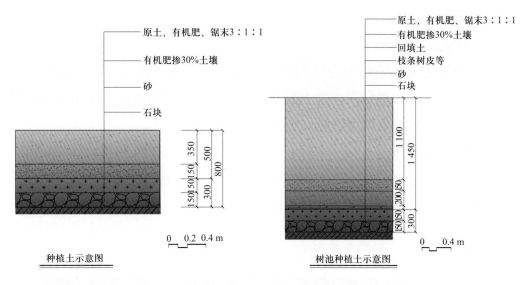

图 1-1-48 土壤改良措施

4. 整体布局

根据以上现状分析及设计原则，本案以城市为画纸，植物为色彩，将道路的景观设计主题定位为"书写美好的城市印象"，在"城市·自然"的主题下形成丰富多彩的风景特色。

南段道路周边环境以居住小区为主，道路绿化设计以"风景"为主题，植物景观总体上形成简洁、明快的效果，设计成以植物质地及色彩变化为特色的植物景观，突出植物的"自然"之美。

北段道路周边环境为学校、商住区，道路绿化设计以"生活"为主题，植物景观以点线面色彩呈现，综合运用色叶植物、开花乔木和花卉地被，突出色彩绚丽、季相丰富的城市氛围（图 1-1-49）。

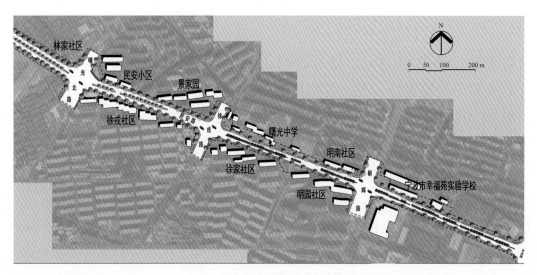

图 1-1-49 道路总体规划图

5. 分项设计

(1) 人行道绿带设计

本案中原来的人行道绿带为规则式栽植，上层乔木为香樟，下层为小蜡绿篱，规划后，保留原有人行道绿带中的上层乔木，对长势差的小蜡进行补植，并间隔种植杜鹃，在行人穿越现象严重地段，结合围栏进行设计。

(2) 分车绿带设计

北段分车绿带宽 3.0 m，保留原有香樟，利用美人梅与金边冬青球进行重复种植设计，地被为金边小叶卫矛、花叶络石、蝴蝶花，形成富有色彩变化的植物景观（图 1-1-50）。

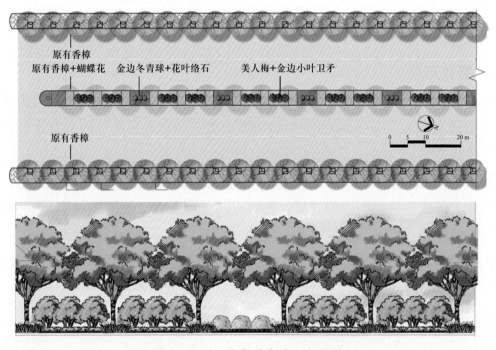

图 1-1-50 北段道路平、立面图

南段分车绿带宽 1.5 m，通过小丑火棘、红王子锦带、金边冬青球，以及红叶石楠篱的间隔种植，提高隔离带的密实度，防止行人穿越。上层种植银杏，突出植物之间的体量变化，丰富林冠线。在公交站之间行人穿越处，设置斑马线（图 1-1-51）。

(3) 交通岛设计

在道路北段尽头，与江东北路交叉成 T 字形，此处车流量较大，为起疏导与指挥交通的作用，设计一组岛屿状交通岛。以嵌花草皮模纹花坛为主，并间隔种植金森女贞、红叶石楠及六月雪绿篱。为避免遮挡视线，在花坛中自然式配植两组低矮的布迪椰子及苏铁，岛屿近端处进行花境设计（图 1-1-52）。

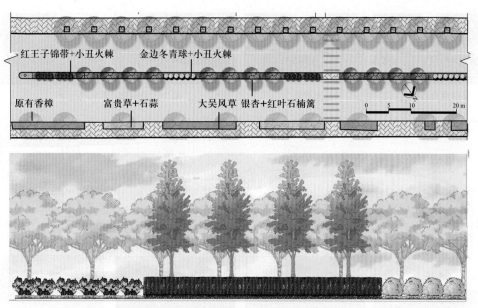

红王子锦带+小丑火棘　　金边冬青球+小丑火棘

原有香樟　　　富贵草+石蒜　　　大吴风草　银杏+红叶石楠篱

0　5　10　　　20 m

图 1-1-51　南段道路平、立面图

图 1-1-52　交通岛设计立面、效果图

课后练习

城市街道绿地升级改造设计：下面为宁波市大闸路绿化现状分析图（图 1-1-53~图 1-1-55），根据前面学习的道路绿地设计的相关知识，进行本道路的绿化升级改造设计。

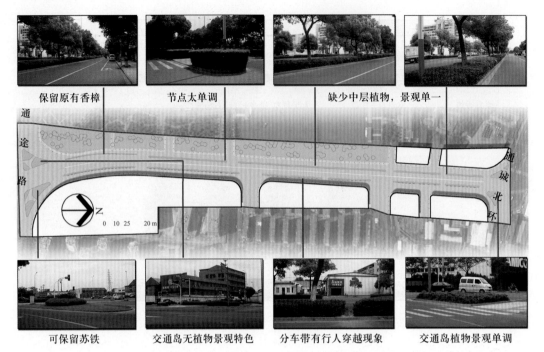

图 1-1-53　大闸路绿化现状分析图

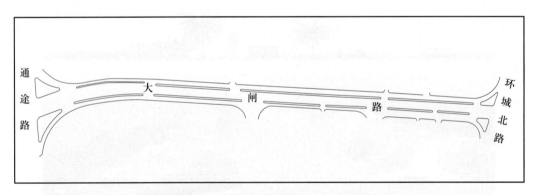

图 1-1-54　大闸路 CAD 现状图

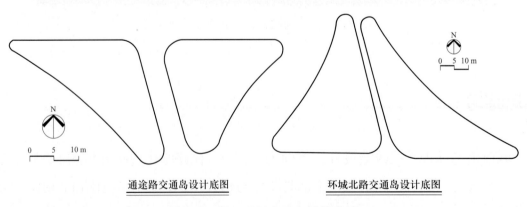

通途路交通岛设计底图　　　环城北路交通岛设计底图

图 1-1-55　两侧交通岛设计底图

1. 区位及概况

宁波市位于东海之滨、长江三角洲的东南隅，地处宁绍平原，属北亚热带季风气候区。宁波市是国内经济发展最活跃的地区之一，城市综合竞争力跻身全国十强，被评为国家园林城市、国家优秀旅游城市、国家卫生城市和全国首批文明城市，也是全国历史文化名城。

大闸路位于宁波市江北区，南起新马路，北至环城北路，全长 860 m，隔离带面积约 3 890 m²。两侧以商务楼、小区为主。大闸路以机非隔离带（3 m 宽）及 2 个道路交叉口的交通岛植物景观升级改造为重点。

2. 任务要求

根据已给的资料及相关数据，设计一个绿化升级改造方案，具体要求如下：

（1）整体绿化改造设计符合道路规划设计原则。

（2）植物品种的选择适宜道路绿化的基本要求。

（3）街道绿地中人行道、分车带、交叉口、交通岛等的设计，符合道路绿地的设计要点。

（4）图纸绘制规范，最终完成道路绿地规划设计 CAD 平面图 1 张。

任务完成后，同学们需填写本任务的设计评价内容（表 1-1-6）和个人学习反馈内容（表 1-1-7）。

表 1-1-6 宁波大闸路绿地改造设计评价表

项目组长及责任成员及角色分工					
评价类型	职业能力		组内自评	组间互评	教师点评
过程性评价（70%）	专业能力	植配能力（40%）			
		绘图能力（10%）			
	社会能力	工作态度（10%）			
		分工合作（10%）			
终结性评价（30%）	作品的合理性（10%）				
	作品的规范性（10%）				
	作品的完整性（10%）				
总评分	各项评分				
	总评分				
总结评价					

表1-1-7　本教学项目中的个人学习反馈表

序号	反馈内容	反馈要点	反馈结果			
			优	良	中	差
1	知识与技能	是否明确本任务的学习目标				
		能否说出道路绿地的基本类型、作用				
		能否利用专业术语阐述相关案例的设计原则				
		能否列举出常用的道路绿化植物种类				
		是否掌握人行道、分车带、交通岛等设计要点				
2	过程与方法	能否利用多种信息源（图书、报刊、二维码、互联网、光盘等）自主学习、查阅相关案例				
		能否通过分组合作完成本项目中的各个任务				
		能否运用本任务相关知识去调查当地道路植物景观				
3	情感、态度和价值观	是否喜欢这种完成任务的方式				
		对自己在本任务中的表现是否满意				
		对本小组成员之间的团队合作是否满意				

请阐述自己在本教学任务中的心得体会：

任务 1.2　步行商业街绿地设计

任务目标

知识：1. 了解步行商业街绿地的概念及特点。

　　　2. 掌握步行商业街绿地的设计要点。

技能：能够根据步行商业街绿地的设计要点，合理地进行步行商业街绿地设计。

知识学习

一、步行商业街绿地概念

　　在市中心地区的重要公共建筑、商业与文化生活服务设施集中的地段，设置专供人行走而禁止一切车辆通行的道路称步行商业街，如北京王府井大街、上海南京路、广州北京路、武汉江汉路（图 1-2-1）。步行商业街绿地是指位于步行街道内的所有绿化地段。

广州北京路　　　　　　　　　　　　　　　武汉江汉路

图 1-2-1　步行商业街

二、步行商业街绿地特点

步行商业街绿地特点有以下两点：① 步行商业街位于市中心地区重要公共建筑、商业与文化生活服务设施集中的地段，也就是说，其位置一般在城市最繁华的区域，一般情况下这些街道周围均以现代化的高层建筑为主。所以在绿地景观设计时，应注意使绿地景观与周围环境相协调。② 它又是一条专供人行走而禁止一切车辆通行的道路，因此步行商业街绿地的使用者均是以步行游览为主，速度较慢，故在景观设计时应较为细腻。

三、步行商业街绿地设计要点

1. 尺度适宜

步行商业街的设计在空间尺度和环境气氛上要亲切、和谐，人们在这里可感受到自我，从心理上得到较好的休息和放松。因此，设计的景观不宜过于宏大、空阔。

2. 协调美观

绿地种植要精心规划设计层次和四季呈现的色彩，并与环境、建筑协调一致，使功能性和艺术性相结合，以呈现出较好的景观效果。

3. 适地适树

综合考虑周围环境，进行合理的植物种类选择。要特别注意植物形态、色彩要和街道环境相结合，树形要整齐，乔木要冠大荫浓、挺拔雄伟；花灌木无刺、无异味，花艳、花期长。在休息空间特别需考虑遮阳与日照的要求，应采用高大的落叶乔木，夏季茂盛的树冠可遮阳，冬季树叶脱落，又有充足的光照，以便为人们提供不同季节的舒适环境。此外，地区不同，绿化布置上也有所区别，如在夏季长、高温时间较长的南方地区，绿化布置时可多用冷色调植物；而在夏季短、高温时间不长的北方地区则可多用暖色调植物布置，以改善人们的心理感受。

4. 特色鲜明

根据当地的文化、习俗及想表达的主题，在街心适当布置花坛、雕塑，铺设装饰性花纹地面，以增添步行街的趣味性、识别性和景观性。如成都束河古镇步行商业街上的顽童雕塑，令人哑然失笑；又如，澳门亚美打利庇卢大马路（俗称新马路）的路面由碎石铺设成自由式波纹型图案，给人们留下深刻印象（图1-2-2）。

5. 设置合理

由于步行商业街绿地的使用者均是以步行游览为主，对体力的消耗也比较大，因此应考虑合理设置服务设施和休息设施，如每隔一段距离设置供休息用的座椅、服务亭（图 1-2-3），做到间距合理，疏密有致。

成都束河古镇步行商业街　　　　　　　　澳门亚美打利庇卢大马路

图 1-2-2　特色鲜明的步行商业街

服务亭　　　　　　　　　　　　座椅

图 1-2-3　步行商业街上的服务设施和休息设施

能力培养

步行商业街园林景观设计训练
——以"苗城印象"商业街为例

1. 任务分析

"苗城印象"项目位于四川省宜宾市兴文县，地处旧城与光明新城（城市新区）

的连接部位，用地呈狭长的条状，项目总占地面积 27 995 m²，绿地面积 4 251 m²，属于仿古建筑风格。东面与老城区相接，西面为新建的居住片区，北侧紧靠山体，与本项目对应的城市道路南侧为规划中的星级酒店和商业区用地。由于兴文县城新旧城之间交通联系是通过山体开挖实现的，因此新建成的城市道路两侧的山体陡峭，形成一个深沟壑半封闭带状空间（图1-2-4）。

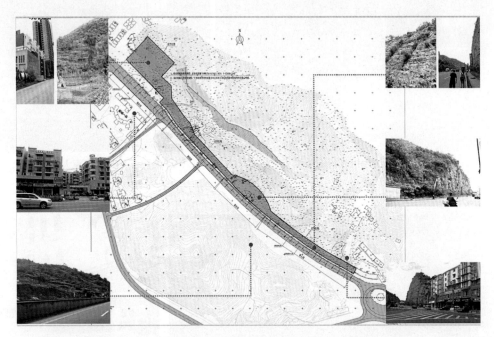

图1-2-4 "苗城印象"现状图

兴文是我国历史上僰、苗族人聚居地之一，历史悠久，文化底蕴深厚。本案拟打造为具有兴文地域特色的苗人文化旅游地产项目。商业业态以酒店、餐饮及文化特色小店等休闲类商业为主，因此，本商业景观设计需要解决好营商特色与景观特色的融合，既要满足商业经营的空间需要，也要满足旅游休闲的景观需求，还要能衬托建筑之美，使建筑与自然环境融为一体。

2. 设计原则分析

"苗城印象"作为文化商业街，除需要遵循与建筑的整体性、安全性及消防规范性等一般性景观设计原则外，还需注意以下几方面：

（1）休闲舒适性

作为文化商业街绿地，"苗城印象"整体空间和环境气氛上要亲切、和谐，人们在这里可感受到自我，从而在心理上得到较好的休息和放松。另外，大部分使用者均是以步行游览为主，对体力的消耗比较大，因此要合理布局适量的户外休息设施，如座凳、凉亭（图1-2-5）。

（2）交通便利性

本案设计中充分考虑人的运动心理，把紧张的运动与放松的运动有机地结合起来，长条形绿地给人们提供一个曲折、延长的运动线路，可以放松休闲地观赏景观。此外，作为商业街景观设计，要注意人流与车流的交通便利性，实行人车分流，并预留足够的临时停车位。

图 1-2-5 销售中心透视图示休息设施

由于该项目属于商业性地块，地势复杂，因此停车位都沿道路路沿设计，从路沿石先后推移 5 m 作为停车位，人行道和盲道往商业街移，停车位采用强度较大的花岗石铺贴，运用石材材质的颜色分割出车位（图 1-2-6）。

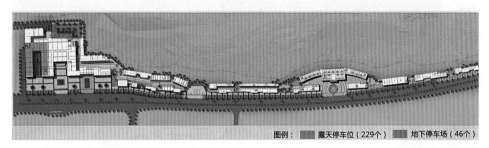

图 1-2-6 "苗城印象"停车位分布图

（3）景观主题性

商业街的景观设计，需要根据项目的定位对景观进行主题定位，这样有利于突出项目个性，增强项目的吸引力。在本案中，由于项目定位是"苗文化"主题，因此，在景观处理上，提炼整合了苗文化中的一些元素，如苗鼓、苗族生活场景浮雕、苗舞广场（图 1-2-7，图 1-2-8）。

图 1-2-7 苗文化元素

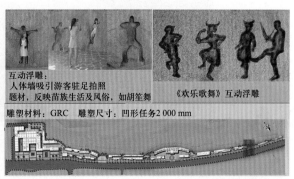

图 1-2-8 "苗城印象"雕塑节点——《欢乐歌舞》互动浮雕

（4）空间尺度适宜性

商业街设计在空间上的表达就是让空间适用，创造人性化的街道尺度空间。不同的尺度带来的感觉是不一样的，它在空间设计中处于一个至关重要的位置。

在本案中，街道尺度是指在两侧商业建筑所围合形成的街道空间给人的感受。在大空间中划分小空间，出现若干条小街巷，将大建筑面临安全街设置，在街区内部穿插布置小体量、小尺度的商业休闲窄街。于是形成了两种不同空间体验的街道：宽街（图1-2-9）和窄街（图1-2-10），通过大小空间对比引导人们感受到商业街的尺度效果，在商业街空间感受上是"大中见小，小中更小"。

图1-2-9　大尺度空间——商业宽街

图1-2-10　小尺度空间——商业窄街

3. 整体布局

依据以上设计原则、场地分析，本案把尚河项目现有的功能定位由单纯的商业项目变成重庆（特别是巴南区）集文化、旅游和商业的项目，把尚河打造成重庆市知名的文化商业景点，争创重庆优秀的旅游休闲滨江公园。

在景观设计中，充分考虑该项目选址的地貌特点，处理好与相邻建筑和景观的关系，设置集中商业广场、旅游风情商业街、天然溶洞入口广场、演艺广场和岩壁景观区（图1-2-11、图1-2-12）。

4. 分区设计

根据项目各部分功能定位，整个旅游商业街分为集中商业区、旅游商业街、岩壁景观区三个片区（图1-2-13）。

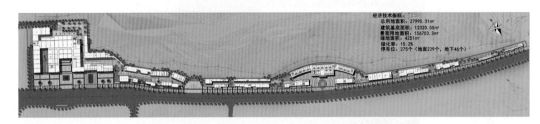

图 1-2-11 "苗城印象"商业街整体规划图

图 1-2-12 "苗城印象"商业街整体鸟瞰图

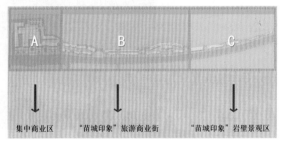

图 1-2-13 "苗城印象"商业街景观分区图

（1）集中商业区设计

集中商业区在设计中充分利用建筑的退台关系，形成不同的购物步行关系，同时在广场铺装上考虑具有民俗特殊图案的苗族地雕装饰，以增加环境的地域文化识别性；特色内街片区现状坡度适中，进行削坡处理后可布置两排建筑，形成丰富的内街空间，中间可结合溶洞景观设置小型广场；作为空间节点，溶洞入口广场上设置具有苗族特色的铜鼓和芦笙，增加景观与游客的参与性；在入口两侧设置文化景墙，作为苗族文化户外展示和宣传的区域（图1-2-14，图1-2-15）。

（2）旅游商业街

旅游商业街现状坡度较缓，用地条件相对较好，根据现有街道尺度设计了两种不同空间体验的宽街和窄街，通过大小空间对比引导人们感受商业街的尺度效果，并在较大的空间节点上，给苗族节日提供活动场所。在广场两侧设计图柱，增加苗族文化气氛，并考虑在建筑造型上适当变化（图1-2-16至图1-2-19）。

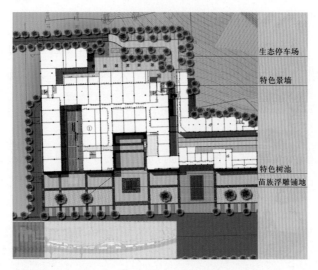

生态停车场

特色景墙

特色树池
苗族浮雕铺地

图 1-2-14 集中商业区景观平面图

图 1-2-15 集中商业区效果图

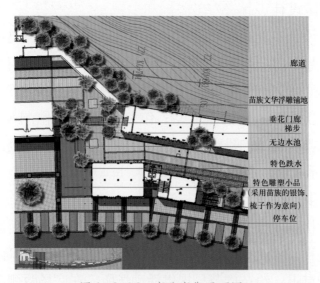

廊道

苗族文华浮雕铺地

垂花门廊
梯步

无边水池

特色跌水

特色雕塑小品
（采用苗族的银饰、
梳子作为意向）

停车位

图 1-2-16 商业宽街平面图

图 1-2-17　商业宽街效果图

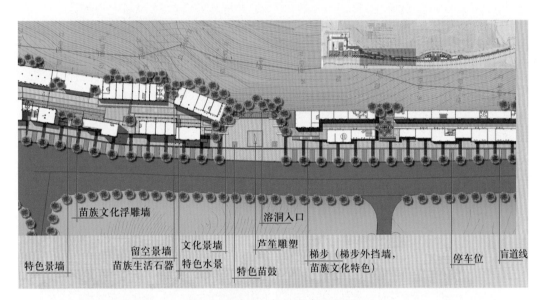

苗族文化浮雕墙　　　　　　　　溶洞入口

特色景墙　　留空景墙　　文化景墙　　　芦笙雕塑　　梯步（梯步外挡墙，　　停车位　　盲道线
　　　　　苗族生活石器　特色水景　特色苗鼓　　苗族文化特色）

图 1-2-18　商业窄街平面图

图 1-2-19　商业窄街效果图

（3）岩壁景观区

岩壁景观区的现状是几乎垂直的陡坡，用地条件不佳，设计考虑以景观为主，局部考虑设置附崖的景观建筑，作为整个设计的制高点，突出建筑群的形象。在建筑下方设计苗族文化的展示空间。项目内含有文物保护项目，项目属于商业地产，不存在围墙。建筑格局随地形宽窄形成了四处岩壁景观节点，最窄处建筑形成挑廊吊脚楼，与景观石壁相嵌合（图 1-2-20，图 1-2-21）。

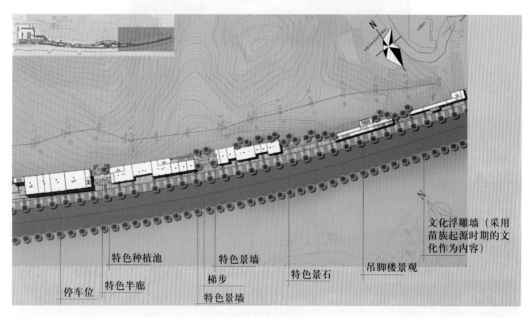

图 1-2-20 岩壁景观区平面图

图 1-2-21 岩壁景观区效果图

任务 1.3　高速公路绿化设计

任务目标

知识： 1. 了解高速公路断面的布置形式。

　　　　2. 掌握高速公路绿化设计要点。

技能： 能够根据高速公路绿化设计要点，合理地进行高速公路绿化设计。

知识学习

　　高速公路的建设是国民经济高速发展和社会进步的内在要求。作为对一个地区的政治、经济、文化等起着重要作用的高速公路，不仅应具有安全、快速的通行功能，还应具有赏心悦目的景观，并与周围的自然环境相协调的功能，使通行其上的人们有一种舒适、安全的感觉。

一、高速公路断面的布置形式

　　高速公路的断面包括中央隔离带（中央分车绿带）、行车道、路肩、护栏、边坡和隔离栏（图 1-3-1）。

二、高速公路绿化设计要点

1. 中央隔离绿化设计

高速公路中央隔离带的宽度最少 4 m，日本以 4~4.5 m 居多，欧洲大多 4~5 m 宽，美国 10~12 m，有些受条件限制，为了节约土地也有采用 3 m 宽的。隔离带内可种植花灌木、草皮、绿篱、矮小整形的常绿树，以形成间接、有序和明快的配置效果。车辆在夜间行驶常由对方灯光引起眩光，在高速道路上由于对方车辆行驶速度快，这种眩光往往容易引起司机操纵上的困难，影响行车安全，因此中央隔离带绿化要采用遮光种植，其间距、高度与司机视线高和前大灯的照射角度有关，树高应根据司机视线高决定。从小轿车的要求看，树高需在 150 cm 以上，大轿车需

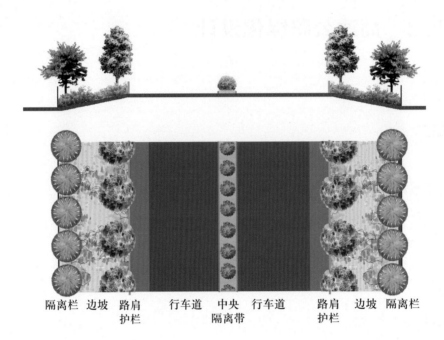

隔离栏　边坡　路肩　　行车道　中央　行车道　　路肩　　边坡　隔离栏
　　　　　护栏　　　　　隔离带　　　　　护栏

图 1-3-1　高速公路断面示意及平面布置图

200 cm 以上，但不可过高，否则会影响视线，同时也不够开敞。

中央隔离带的种植宜因地制宜，做分段变化处理，既丰富路景，又有利于消除司机的视觉疲劳。由于隔离带较窄，为安全起见，往往需要增设防护栏或防护花基（图 1-3-2）。对于较宽的中央隔离带，也可以种植一些自然的树丛（图 1-3-3）。

图 1-3-2　中央隔离带防护花基

图 1-3-3　较宽的中央隔离带树丛

2. 安全防护绿化设计

当高速公路穿越市区时，为了防止车辆产生的噪声和排放的废气对城市环境的污染，在干道的两侧要留出 20~30 m 的安全防护地带。美国有 45~100 m 宽的防护带，均种植草坪和宿根花卉，以及灌木、乔木，其林型由低到高，既起防护作用，也不妨碍行车视线。

为了保证安全，高速公路不允许行人与非机动车穿行，所以隔离带内需考虑安装喷灌或滴灌设施，并采用自动或遥控装置。路肩是作为故障车停用的，一般 3.5 m 以上，不能种植树木。

高速公路的边坡绿化在保持水土、恢复自然、安全防护、改善沿路景观等方面作用显著。设计时必须因地制宜，可推行挂网植草、液压喷播、土工格网、喷混植生，以及乔灌草、乔灌藤、草灌种结合植播（图 1-3-4）等坡面快速绿化新技术。

边坡草灌种结合植播 1~10 天图　　边坡草灌种结合植播 70~80 天图

边坡草灌种结合植播 30~40 天图　　边坡草灌种结合植播 1 年后竣工验收图

图 1-3-4　草灌种结合植播

高速公路对平面线型有一定要求，一般直线距离不应大于 24 km，在直线下坡拐弯的路段应在外侧种植树木，以增加司机的安全感，并可引导视线。

3. 休息站绿化设计

高速公路超过 100 km，需设休息站，一般 50 km 设一休息站，供司机和乘客停车休息。休息站还包括减速车道、加速车道、停车场、加油站、汽车修理房、食堂、厕所、小卖部（图 1-3-5）等服务设施，并应结合这些设施进行绿化。停车场应布置成绿化停车场，种植具有浓荫的乔木，以防止车辆受到强光照射，场内可根据不同车辆停放地点，用花坛或树坛进行分隔（图 1-3-6）。

图 1-3-5　休息站服务设施　　　　图 1-3-6　停车场绿化

4. 互通式立交绿化设计

互通式立交绿化景观是高速公路绿化体系中重要的景观节点，高速公路互通式立交绿化植物配置要强调两方面目的：一是有利于司机辨认道路的走向，二是有利于美化环境，衬托桥梁的造型。如广惠高速公路互通式立交绿化设计在匝道和主次干道汇集的地方不种植遮挡视线的树木，以草地和低矮灌木为宜；在弯道外侧则种植成行的乔木，以引导司机行车方向，创造安全、舒适的行车环境（图1-3-7）。

图 1-3-7　广惠高速公路萝岗互通式立交
绿化设计效果图

在满足使用功能的前提下，高速公路互通式立交绿化设计要以可持续发展的相关论点为指导，紧扣生态主题，坚持"美观、经济、实用"的园林设计总原则，以管理方便为宗旨，采取列植、对植、丛植、群植等灵活多样的植物配植方式，运用"增、删、扩、并、引、借、对"等组景艺术手法，营造恬静、清新、雅拙自然的绿化景观，建成三季有花、四季常青、特色鲜明，集观赏型、生态型于一体的绿色高速公路互通式立交。

能力培养

高速公路绿化设计训练
——以广东开阳高速公路绿化设计方案为例

1. 项目概况

开阳高速公路是广东省生态景观林带规划（2011—2020 年）的 5 号景观带，它属于广湛高速的一部分，是江门市开平、恩平及粤西地区通往珠三角及港澳地区的主要通道，路线起自鹤山市址山镇，接佛开高速公路，经开平、恩平、阳东和阳江城区，止于阳江市阳江林场，全长 125.2 km（图 1-3-8），开阳高速公路江门段约 80.4 km，其中鹤山市 0.7 km，开平市 28.7 km，恩平市 51 km。工程于 1999 年开工，2003 年 9 月 3 日建成通车，是国家交通主骨架"二纵二横"同（江）三（亚）线的组成部分，其中在阳江段连接广东西部沿海高速公路，对于广东西部社会、经济文化发展具有极大的战略意义。

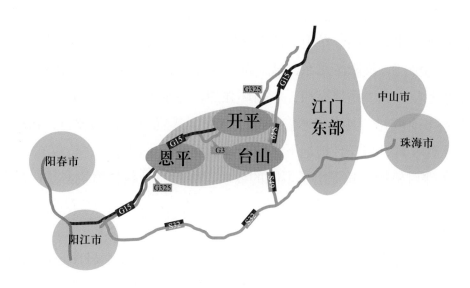

图 1-3-8 开阳高速公路区位分析图

开阳高速公路所经过地区的地形地貌、地质水文、土壤、气候和植被情况说明如下（图 1-3-9）。

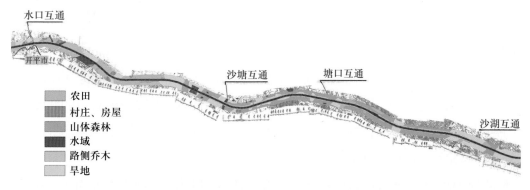

图 1-3-9 现状用地分析图（局部）

（1）地形地貌

该高速公路所经地段为粤西南沿海丘陵及平原水网交错地带，海拔为几米至几十米不等。冲积、洪积平原地形平坦，耕作农业发达；间杂的剥蚀残丘、台地没有明显的山文线，坡顶浑圆，丘体平缓；稍高的山体则为低山丘陵的边缘延伸，地形略有起伏，坡度一般为 15°～25°；除此外，偶尔间有阶地、谷地、山间冲积小平原。由于地质构造隆起抬升沉降和水流的蚀切搬运，形成地形交替、起伏不大、视野开阔的特点。

（2）地质水文

路线所在区域地层岩性基本受区域构造控制，依次分有中上侏罗纪砾岩、砂岩、粉砂岩、中下泥盆纪石英砂岩、灰岩、寒武纪泥质页岩、花岗岩、变质岩以及混合岩，平原地带则以第四纪沙砾层为主，经过扭曲形成了一些向斜背斜，地层的抬升与河流的下切搬运等综合作用，使部分地层出现露头，节理、纹理均有发育。

沿线基本为潭江、漠阳江水系，从北部山区发源，沿途接纳大小溪流冲沟、地表径流及泉水汇集入内。雨量充沛，水循环强烈，降水多由地表径流截走，流量随雨旱季节交替多有变化，其余降水渗入地下。由于基岩裂隙较为发育，植被繁茂，地下水赋存条件良好，残丘台地地下水位较深，而冲积平原地下水位仅 0.5～1.5 m。不同的水文条件对植物生长提出了不同的要求，促使设计栽植植物必须因地制宜，适地适树。

（3）土壤

沿线所在地区地带性土壤为红壤、赤红壤和砖红壤，成土母质丘陵台地为残积、坡积母质，而平原地带则为第四纪冲积、洪积母质，土层深度从几十厘米至几米不等，质地以亚黏土至亚砂土为多。由于南方强烈的淋溶作用和脱硅富铝化过程，使本地土壤有机质含量低，养分缺乏，酸性重，pH 为 4.6～6.5。部分土壤中夹有一定的石砾，土层板结坚硬，不利于植物生长。

另外，本地区由于母岩母质、农田水文耕作状况和微域地形分布特点，导致有非地带性土壤出现，在沿线土壤中占有一定比例，此类土壤对一部分植物生长较为有利。

（4）气候特征

该高速公路所经地区属我国南部沿海典型的南亚热带海性季风气候区，夏秋炎热，冬季温暖，无霜期，春夏季雨量集中，年降雨量达 2 200 mm；年均温 22 ℃，1 月均温 13.4 ℃，7 月均温 28.3 ℃，极度高温 39.3 ℃，极端低温 −0.7 ℃；光照充足，年均日照时数 1 940～2 140 小时。

本地属 Ⅳ7 华南沿海台风区，灾害性气候以热带气旋和台风为甚，年均 4.2 次，影响最多在 7—9 月，伴随台风常有暴雨随至，导致洪涝发生，给工程建设带来影响。

（5）植被资源

该高速公路沿线在中国植被区划中属于南亚热带常绿阔叶林至热带季雨林过渡区域，以华南区系成分为主，由于相对高差不大，因而没有明显的垂直带谱。自然植被受人为活动影响，原始林已不复存在，残存的为次生林。另外大量生长着人工植物群落，如湿地松林、桉树林、台湾相思、小叶榕以及果园、竹林等。灌木层主要有桃金娘、大青叶、马樱丹、紫茉莉、小叶枝栀、野牡丹、野生无花果。草本层主要有铁芒萁、白茅、丝茅、蕨类、淡竹叶、马唐草、大叶油草，本地结缕草、含羞草、鬼针草等。层外植物以木质藤本为多，如络石、葛藤、鸡血藤等，也有部分草质藤本如五爪金龙、常春藤、蟛蜞菊等。

　　由于地处南方，又临近海边，水热条件好，植物生长茂盛，品种繁多，为景观绿化提供了良好的品种资源和生长潜力。同时，由于土质贫瘠和台风暴雨，对植物生长初期具有一定影响。

2. 项目建设内容

　　沿着开阳高速公路营造生态景观林带，该林带由景观带（线）、景观节点（点）和生态景观带（面）组成（图 1-3-10）。

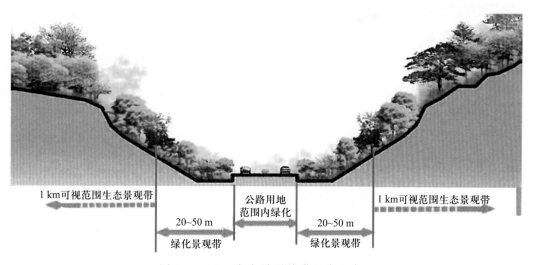

图 1-3-10　生态景观林带组成示意图

　　（1）绿化景观带（线）

　　将高速公路两侧 20~50 m 林带和沿海海岸基干林带作为主线，建成各具特色、景观优美的生态景观长廊。

　　（2）景观节点（点）

　　将沿线分布的城镇村民、景区景点、服务区、车站、收费站和互通式立交等景观节点进行绿化美化，形成连串的景观亮点。

　　（3）生态景观带（面）

　　将高速公路 1 km 可视范围内的林地纳入建设范围，改造提升森林和景观质量，形成主题突出和具有区域特色的森林生态景观，防止水土流失，增强区域生态安全功能。

3. 功能定位依据及其定位分析

沿着开阳高速公路营造生态景观林带，有利于维护国土生态安全，增强防灾减灾能力；有利于实施绿色发展战略，积极应对气候变化；有利于加快转型升级，建设幸福广东。基于这一重要意义，本设计着力于交通主干线两侧一定范围内，营建具有多层次、多树种，多色彩、多功能、多效益的森林绿化带。

4. 设计原则

结合开阳高速公路沿线地形地貌、气候、植被等方面的特征，以及结合高速公路景观设计本身的特点，从景观生态学理论出发，提出以下几点景观设计的基本原则：

（1）生态优先

开阳高速公路的绿化设计应追求生态效应最大化。植物配植以多样性为基础，符合其生态环境和生态学特征。乔木、灌木、地被植物配植，确保植物群落的生物多样性、群落结构的稳定性和生态安全性。

（2）以人为本

开阳高速公路的景观设计必须满足高速公路本身安全高效的要求，如视角导向、防眩、防噪降温等；同时充分考虑沿线服务区的环境舒适性要求，从以人为本的角度考虑不同性质的点、线、面的景观设计需求。

（3）突出特色

根据开阳高速道路断面、周边环境等绿地特点，合理确定绿化方式，优化树种配置模式，提高绿化美化效果，适地适树、适地适景，具季相变化；遇不适宜配置绿植的土质，应改良土壤后再进行绿化。

（4）优化提升

开阳高速公路景观林带建设要在现有林带的基础上进行优化提升，在绿化基础上进行美化生态化，注重与沿线湿地、农田、果园、村舍等原生态景观相衔接，注重与各地防护林、经济林、绿道网等建设统筹设计，充分实现各种生态建设项目的整体效益。

5. 绿化景观带结构

开阳高速公路典型道路断面设计根据陡坡、中坡、缓坡和平地四种不同的坡度区分填挖方类型，将标准断面分为四类典型断面（图1-3-11）。利用乔木、灌木等植被结合具体地形，形成不同的景观界面形式。充分考虑不同段落典型景观点，强化道路沿线景观元素的多种视觉形态，遮蔽和美化相对较差景观。

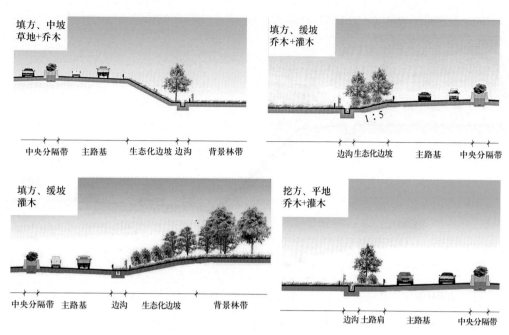

图 1-3-11　典型道路景观断面设计示意图

6. 生态景观林带形式

该高速公路沿线与高速公路衔接的路侧情况有三种：水田或鱼塘、旱地和上边坡。

当路侧绿化与路侧外水田或鱼塘、旱地相接时，土路肩可以是植草加上灌木或者只植草两种形式，以不遮挡地方的生态景观林带为前提。当路面与上边坡相接时，可以是路肩种植灌木的形式（图 1-3-12～图 1-3-14）。

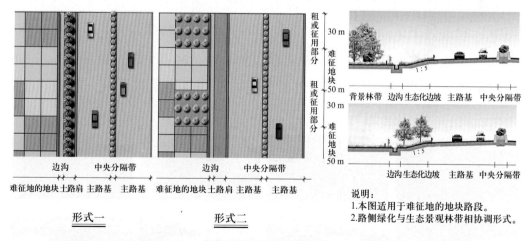

图 1-3-12　路侧生态景观林带接水田和鱼塘情况

图 1-3-13　路侧生态景观林带接旱地情况

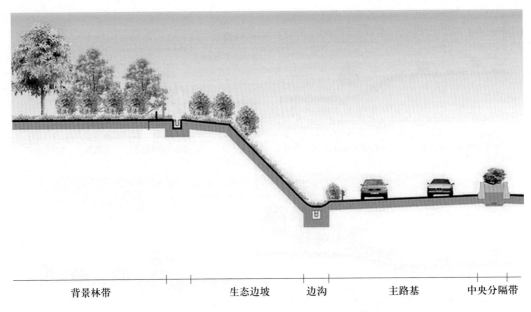

背景林带　　　　　　生态边坡　边沟　　　　主路基　　　中央分隔带

图 1-3-14　路侧生态景观林带接上边坡情况

7. 景观节点

景观节点包含沿线分布的服务区、收费站、互通式立交。

（1）互通式立交现状及改造

沿线几个互通式立交目前已有绿化种植，但分别存在因种植设计或管理缺乏等造成的问题（图1-3-15）。如沙塘互通和塘口互通植物生长杂乱，没有层次感，缺少中层植被和观花植物，景观观赏性较差；白沙互通和圣堂互通乔木品种单一，无低矮灌木，景观效果单调；大槐互通和阳东互通植物品种单一，缺少大型树种和可观花树种，中层灌木形状单调；开平互通和水口互通地势平坦，缺少大乔木和植物群落，植物生长不良，也造成景观效果更差；沙湖互通视线开阔，但植物配置缺

图 1-3-15　互通式立交现状

乏，景观效果不好；恩城互通植物品种少，无灌木丛，局部地被缺乏造成黄土裸露；那龙互通植物生长茂盛，但杂草丛生，色彩单调；北惯互通地势平坦，无植物群落，植物生长不良，病虫害严重，景观效果差。

对于互通的改造，在原有植物的基础上补种植物，完善的同时着力于提升景观效果。

针对塘口互通、圣堂互通、阳东互通、水口互通和恩城互通，选择红花羊蹄甲、宫粉羊蹄甲、凤凰木、黄花风铃木等为主题树种，搭配小叶榕、樟树、红花夹竹桃、大红花等植物（图1-3-16）。

塘口互通　　　圣堂互通　　　阳东互通　　　水口互通　　　恩城互通

图 1-3-16　互通种植设计示意（一）

针对沙湖互通、大槐互通和阳东互通，选择红花羊蹄甲、木棉、黄槐等为主题树种，搭配秋枫、樟树、红花夹竹桃、红绒球等植物（图1-3-17）。

沙湖互通　　　　大槐互通　　　　阳东互通

图 1-3-17　互通种植设计示意（二）

针对那龙互通，选择木棉、鸡冠花、蓝花楹、小叶紫薇等为主题树种，搭配樟树、假萍婆、红花夹竹桃、红绒球等植物（图1-3-18）。

图 1-3-18　互通种植设计示意（三）

经过以上改造设计，各个互通式立交将达到良好的绿化效果（图 1-3-19～图
1-3-21）。

现状图片

图 1-3-19　圣堂互通绿化设计效果图

现状图片

图 1-3-20　大槐互通绿化设计效果图

现状图片

图 1-3-21　那龙互通绿化设计效果图

（2）收费站现状及改造

沿线几个收费站，除了新增的阳江收费站外，目前均已有绿化种植，但分别存在问题（图 1-3-22）。如水口收费站植被生长差，且参差不齐；恩城收费站没有大树，无灌木丛，又靠近农田，绿化面积窄；北惯收费站植物生长较好，局部土壤裸露，缺少地被植物和观花植物；阳江收费站是新增互通，无绿化，黄土裸露；平交中心绿岛缺少灌木。总之，收费站车行速度骤减，尾气排放较多，造成植物生长环境不良。局部没有绿化，植物品种和颜色单调等问题较为普遍。

水口收费站　　　　　　　　　　　　　　　　　　　　　恩城收费站

北惯收费站　　　　　　　　　　　　　　　　　　　　　阳江收费站

收费站口缺少绿化　　　　　收费站口缺少绿化　　　　　平交口中心绿岛缺少灌木

图 1-3-22　收费站现状

解决这些问题的办法应从植物品种和植物数量上考虑。如种植充分考虑具有较强吸尘吸有害气体和减噪功能的树种，多选择乡土绿化植物；增加植物品种，并充分发挥植物的观花观叶最佳效果，同时可以丰富景观层次感（图1-3-23）。

图1-3-23　收费站绿化设计示例

（3）服务区现状及改造

目前沿线服务区存在停车车辆多，尾气排放造成空气质量不良，停车场遮阳效果较差，植物品种、颜色单一等问题（图1-3-24）。

图1-3-24　服务区绿地现状

选择树种应充分考虑吸尘、吸有害气体和减噪功能；停车场附近应种植遮阳效果较好的大树；增加植物品种，充分发挥植物的观花观叶景观效果，同时可以丰富景观层次感。

8. 种植设计原则

开阳高速公路的绿化，主要定位在诱导视线，防眩遮光，确保行车安全；稳固斜坡，防止水土流失，保持路基稳定，延长高速公路使用寿命；改善沿路景观，美化环境的同时净化空气，改善沿途大气环境。具体设计原则如下：

（1）防眩

通过植物栽植减轻眩光，改善夜晚行车的视线状况，防止眩光造成事故。

（2）特色

通过选用乡土树种来体现开阳高速的地域特色，选用浓郁地域特色的榕树、木棉、宫粉羊蹄甲、菩提榕等亚热带植物为司乘人员和邻近居民提供赏心悦目、丰富多彩的道路景观。

（3）景观

通过植物栽植提高道路的视觉景观质量，创造出安全宜人的道路环境。栽种观花乔木、花灌木和野生花卉来改善公路环境，桥梁建筑和墙体运用树木、灌丛、地被植物和藤本植物来装饰，增强景观效果。

（4）保留

尽量保留道路用地范围中现有的树木和灌丛，减少对周边植被的破坏；栽植对野生动物尤其是鸟类来说更具有价值的树木和灌丛。

（5）易管

该高速公路绿化的植物主要选择红花羊蹄甲、黄槐、野牡丹等乡土树种（图1-3-25），易于管理。

红花羊蹄甲　　宫粉羊蹄甲　　凤凰木　　蓝花楹　　大王椰子　　鱼尾葵

黄花风铃木　　黄槐　　仪花　　小叶紫薇　　垂叶榕　　棕榈

勒杜鹃　　黄榕球　　洒金榕　　红檵木　　野牡丹

图 1-3-25　主要植物图片

📚 项目小结

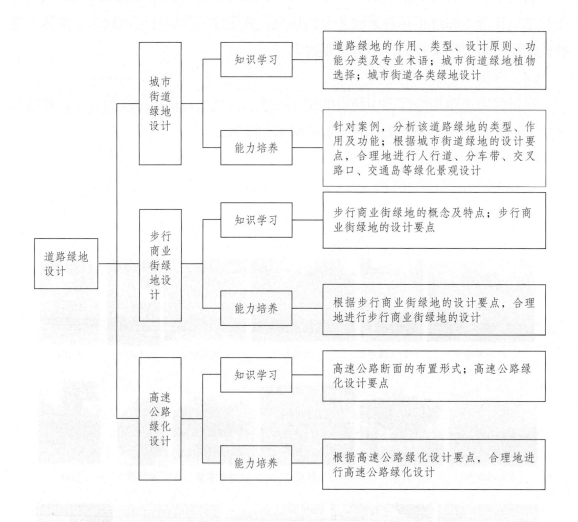

📚 项目测试

1. 名词解释

一板二带式 二板三带式 三板四带式 四板五带式 分车绿带 行道树绿带

树带式种植 安全视距 立体交叉 导向岛 步行商业街

2. 简答题

（1）道路绿地有什么作用？

（2）道路绿地的主要类型有哪些？

（3）道路绿地的设计原则有哪些？

（4）道路绿地应具备哪些生态功能？

（5）城市交通道路功能分类有哪些？

（6）行道树的树种选择原则是什么？

（7）分车绿带的种植方式有哪几种？

（8）供行人横穿的分车绿带处理方式有哪几种？

（9）步行商业街绿地设计要点有哪些？

（10）高速公路休息站绿化设计要点有哪些？

3. 综合分析题

（1）小王同学对中心岛和导向岛在功能作用上的区别和联系不太明白，你能给他解释一下吗？

（2）请运用所学知识，选择自己所在学校附近的一条街道分析其绿化特点。

（3）一个晴朗的周末，小张开车带着一家人出外游玩。晚上回程时，高速公路对面行驶车辆的大灯透过中央隔离带照射过来，刺到小张的眼睛，影响了行车安全，请你解释此现象。

项目链接

一、林荫道绿地设计

林荫道是指与道路平行并具有一定宽度的带状绿地，也可称为带状街头休息绿地（图1-4-1）。它扩大了群众活动场地，同时增加了城市绿地面积，对改善城市小气候、组织交通、丰富城市街景起着很大作用。

图 1-4-1　东莞厚街林荫道

1. 林荫道布置的几种类型

（1）设在街道中间的林荫道：即两边为上下行的车行道，中间有一定宽度的绿化带。这种类型主要供行人和附近居民作暂时休息用，多在交通量不大的情况下采用，出入口不宜过多。

（2）设在街道一侧的林荫道：由于林荫道设立在道路的一侧，减少了行人与车行路的交叉，在交通比较频繁的街道上多采用此种类型，其形式往往受地形影响。例如，傍山、一侧滨河或有起伏的地形时，可利用借景将山、林、河、湖组织在内，创造安静的休息环境和优美的景观效果，如上海外滩绿地、杭州西湖畔的公园绿地。

（3）设在街道两侧的林荫道：设在街道两侧的林荫道与人行道相连，可以使附近居民不用穿过道路就可到达林荫道内，使用方便且安静。

2. 林荫道设计要点

（1）必须设置游步道。可根据具体情况而定，但至少在林荫道宽8 m时有一条游步路；在8 m以上时，设2条以上为宜。

（2）车行道与林荫道绿带之间，要有浓密的绿篱和高大的乔木组成绿色屏障，一般立面上设计成外高内低的形式（图1-4-2）。

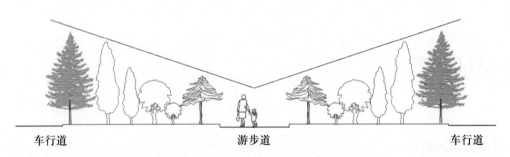

车行道　　　　　　　　　　　　游步道　　　　　　　　　　车行道

图1-4-2　林荫道地面轮廓外高内低示意图

（3）林荫道中除布置游步道外，还可考虑小型的儿童游戏场、休息座椅、花坛、喷泉、阅报栏以及花架等建筑小品。

（4）林荫道可在长75～100 m处分段设立出入口，各段布置应具有特色。在特殊情况下，如大型建筑的入口处，也可设出入口。同时在林荫道的两端出入口处，可加宽游步道或增设小型广场。但分段设出入口不宜过多，否则影响内部的安静。

（5）林荫道设计中的植物配置以丰富多彩取胜。道路广场面积不宜超过25%，乔木应占地面积30%～40%，灌木占地面积20%～25%，草坪占10%～20%，花卉占2%～5%。南方天气炎热，需要更多的荫蔽，故常绿树占地面积可大些，在北方，则以落叶树占地面积较大为宜。

（6）林荫道的宽度在8 m以上时，可考虑采取自然式绿植布置；8 m以下时，多按规则式绿植布置。

二、滨河路绿地设计

1. 滨河路的概念

滨河路是指城市中临河、湖、海等水体的道路。由于一面临水,空间开阔,环境优美,再加上进行绿化、美化,是城市居民休息的良好场地。水体沿岸不同宽度的绿带称为滨河绿地,这些滨河绿地往往给城市增添了美丽的景色。滨河路一侧为城市建筑,另一侧为水体,中间为道路绿化带(图1-4-3)。

图1-4-3　滨河路绿地设计效果图

2. 滨河路绿地设计要点

(1)滨河路的绿化一般在临近水面设置游步道,最好能尽量接近水边,因为人们习惯靠近水边行走。

(2)如有风景可观时,可适当设计成小广场或凸出水面的平台,以供游人远眺和摄影。

(3)可根据滨河路地势高低设成平台1~2层,以踏步连接,可使游人接近水面,使之有亲切感(图1-4-4)。

现状图

设计效果图

图1-4-4　下边坡式滨河路游步道、平台设计

(4)如果滨河水面开阔,能划船或游泳时,可考虑以游园或公园的形式,容纳更多的游人进行活动。

（5）滨河绿地内的休息设施可多样化，岸边设栏杆，并放置座椅，供游人休息。如绿地较宽时，可布置成自然式，设有草坪、花坛、树丛，并适量安排简单园林小品、雕塑、座椅和园灯等。

（6）滨河绿地除采用一般街道绿化树种外，在低湿的河岸或一定时期水位可能上涨的水边，应特别注意选择能适应水湿和耐盐碱的树种。

（7）滨河绿地的绿化布置要保证游人的安静休息和健康安全，靠近车行道一侧的种植应能减少噪声，临水一侧不宜过于闭塞。林冠线要富于变化，乔木、灌木、草坪和花卉结合配置，丰富景观，另外还要兼顾防浪、固堤和护坡等功能。

三、铁路绿化

1. 铁路绿化的目的

铁路绿化的目的是保护铁轨枕木少受风、沙、雨、雷的侵袭，还可保护路基。在保证火车行驶安全的前提下，在铁路两侧进行合理的绿化，还可形成优美的景观效果（图1-4-5）。

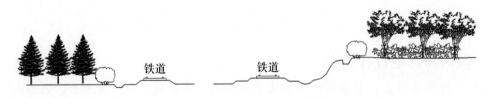

图1-4-5　铁路绿化断面示意图

2. 铁路绿化的要求

（1）种植乔木应距铁轨10 m以上，6 m以上可种植灌木。

（2）在铁路、公路平交的地方，50 m公路视距、400 m铁路视距范围内不得种植阻挡视线的乔灌木。

（3）铁路拐弯内径150 m内不得种乔木，可种植小灌木及草本地被植物。

（4）在距机车信号灯1 200 m内不得种乔木，可种小灌木及地被。

（5）在通过市区的铁路左右应各有30~50 m以上的防护绿化带阻隔噪声，以减少噪声对居民的干扰。绿化带的形式以不透风式为好。

（6）在铁路的边坡上不能种乔木，可采用草本或矮灌木护坡，防止水土冲刷，以保证行车安全。有条件的地方还可以用草本或矮灌木组成图案，以丰富铁路沿线绿化景观（图1-4-6）。

现状照片

🔺 **地段范围：** K134+820~K135+080
🔺 **现状分析：** 此斜坡为水泥拱网喷草护坡类型，坚固有余，绿化效果欠佳
🔺 **绿化方案：** 在斜坡坡面水泥拱网内喷播护坡草并加强养护，用红花檵木、六月雪、黄榕等植物植成"广深铁路集团股份有限公司"标志，醒目亮丽

绿化景观设计效果图

图 1-4-6 广深铁路边坡绿化设计图

3. 火车站广场及候车室的绿化

火车站是一个城市的门户，应体现这个城市的特点。火车站广场绿化在不妨碍交通运输、人流集散的情况下，可适当设置花坛、水池、喷泉、雕像、座椅等设施，并种植庭荫树及其他观赏植物，既改善了城市的形象，增添了景观，又可供旅客短时休息观赏（图 1-4-7）。

现状照片

绿化景观设计效果图

🔺 **车站名称：** 广州东站
🔺 **现状分析：** 广州东站是一个综合性大站，也是广州市的窗口单位，因此站场内外的绿化现状较好，唯有进站大厅的几处花坛绿化效果欠佳
🔺 **绿化方案：** 补种蜘蛛兰、散尾葵、黄榕球等植物，加强日常管理

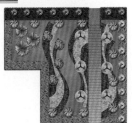

绿化景观设计平面图

图 1-4-7 广州火车东站绿化改造设计图

项目2

居住区绿地及别墅庭院园林设计

项目导入

　　袁琳的表姐在市内一家房地产公司做销售。4月份的一个周末，袁琳来到表姐工作的售楼部玩，表姐拉着袁琳来到楼盘模型前，指着一栋外观靓丽的楼房模型说："不知道怎么回事，这栋楼位置、朝向俱佳，价位合理，但客人看过后大多改买其他楼了"。袁琳认真地研究了一番整个楼盘的布局，发现这栋楼距离居住区公园最远，按比例推算将近500 m。而按照居住区绿化设计规范，居住区公园的服务半径以不超过300 m为宜，这应该是客人对这栋楼望而却步的一个重要原因。

　　居家绿地的特殊之处在于与人的关系最密切，其服务对象最广泛（各类人等均在其中生活），服务时间最长。居家绿地在城市园林绿地系统中分布最广，是城镇生态系统的重要一环。居住区公园以其面积大、景观元素丰富，往往与公共建筑和服务设施安排在一起，成为居住环境中景观的亮点和活动的中心，是居住区生活空间的重要组成部分。同时，居住区公园因其良好的景观效果、生态效益，也往往成为房地产开发的"卖点"。本项目主要通过居住区绿地和别墅庭院园林的设计能力培养，使学生熟悉居住区绿地和别墅庭院园林的设计原则，掌握居住区绿地设计内容和要求，领会别墅庭院园林的设计要点。

　　本项目的学习内容为：（1）居住区绿地设计；（2）别墅庭院园林设计。

任务 2.1　居住区绿地设计

任务目标

知识：1. 熟悉居住区绿地的设计原则。
　　　2. 掌握居住区绿地设计内容和要求。
技能：1. 能够领会和运用居住区绿地的设计原则。
　　　2. 会进行中小型居住区绿地的设计。

知识学习

　　居住区作为人与环境接触最多的空间，是一个相对独立于城市的"生态系统"。它是为人们提供休息、恢复的场所，使人们的心灵和身体得到放松，在很大程度上影响着人们的生活质量。现代居住区的建设，针对为人们提供"人性关怀"的环境之目的，在不同的居住概念、居住模式和居住环境设计上，进行了多方面的尝试和探索。居住区绿地在城市园林绿地系统中分布最广，是普遍绿化的重要方面，是城市生态系统中重要的一环。

　　据科学家计算，一个城市中居住和生活用地约占 50%，居住区绿地的规划面积应占总用地面积的 30% 左右，平均每人 5~8 m²，绿化覆盖率达到 50% 以上才能充分发挥其效益。我国规定居住区绿地的规划面积至少应占总用地面积的 30%。

一、基本知识

1. 居住区的概念
　　居住区的概念从广义来说就是人类聚居的区域，狭义来说是指由城市主要道路所包围的独立的生活居住地段。一般在居住区内应设置比较完善的日常性和经常性的生活服务性设施，以满足人们基本物质和文化生活的需求。

2. 居住区绿地的组成
　　居住区绿地包括居住区公共绿地（居住区公园、小游园、组团绿地等）、公建设施绿地（亦称单位附属绿地）、宅旁绿地及道路绿地等（图 2-1-1）。

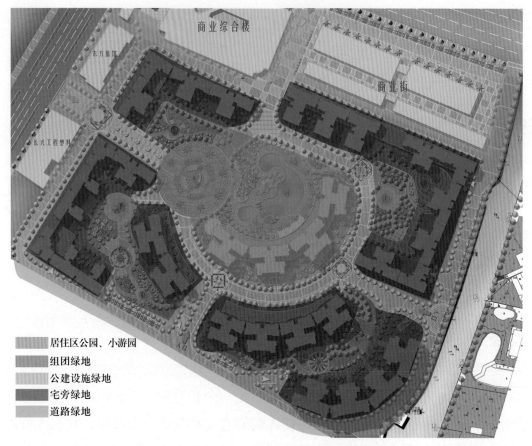

居住区公园、小游园
组团绿地
公建设施绿地
宅旁绿地
道路绿地

图 2-1-1　居住区绿地的组成

3. 居住区绿地的特殊性

居住区绿地的特殊性在于与人的关系最密切，其服务对象最广泛（各类人等均在其中生活），服务时间最长。

1996 年在土耳其历史文化名城伊斯坦布尔召开的第二届联合国人类居住区会议（简称"人居二"），探讨了两个具有跨世纪意义的世界性重要主题，即"人人有适当住房"和"城市化世界中的可持续人类居住区发展"，使世界各国对人居环境的问题更加重视，并进一步认识到"人人有适当住房"已经不是简单地解决住的问题，而必须满足居民行为、心理需求，创造舒适、方便、清净、安全、优美的人居环境。

二、居住区绿地的设计原则

1. 永久

居住用地内的各种绿地应在居住区规划中按照有关规定进行配套，并在居住区详细规划指导下进行规划设计。居住区规划确定的绿化用地应当作为永久性绿地进行建设，必须满足居住区绿地功能，布局合理，方便居民使用。

2. 统筹

居住用地应当首先进行绿地总体规划，确定居住用地内不同绿地的功能和使用性质；划分开放式绿地各种功能区（图2-1-2），确定开放式绿地出入口位置等，并协调相关的各种市政设施，如用地内居住道路，各种管线，地上、地下设施及出入口位置等。

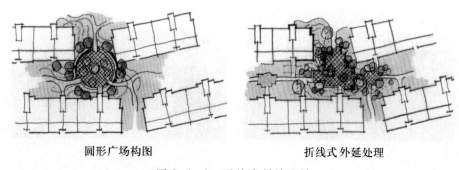

圆形广场构图   折线式外延处理

图 2-1-2 开放式绿地设计

3. 绿色

市场经济带来房地产业的大发展。随着人们购房心态的成熟，对住宅的需求已逐渐从"居者有其屋"的普通住宅转向了"居者优其屋"的有益身心健康的绿色住宅。居住区绿地应以植物造景为主（图2-1-3），必须根据居住区内外环境特征、立地条件，结合景观规划、防护功能等，按照适地适树的原则进行植物规划，强调植物分布的地域性和地方特色。在绿地中乔木、灌木的种植面积比例一般应控制在70%，非林下草坪、地被植物种植面积比例宜控制在30%。这样才能有效地改善居住区内的小环境，净化空气，减缓西晒，促进居民的生活和身心健康。

图 2-1-3 居住区绿地中的植物造景

4. 景观

当前，人们对居住区绿化环境的要求，已不仅仅是多栽几排树、多植几片草等单纯"量"方面的增加，在"质"的方面也提出了更高的要求，做到"因园定性，因园定位，因园定象"，使入住者产生家园的归属感。绿化环境所塑造的景观空间具有共生、共存、共荣、共乐、共雅等基本特征，给人以美的享受，它不仅有利于城市整体景观空间的创造，而且大大提高了居民的生活质量和生活品位。另外，良好的绿化环境景观空间还有助于保持住宅的长远效益，增加房地产开发企业的经济回报，提高市场竞争力（图2-1-4）。

图 2-1-4　居住区绿化环境景观设计

5. 交往

社会交往是人的心理需求的重要组成部分，是人类的精神需求。通过社会交往，使人的身心得到健康发展，这对于今天处于信息时代的人们显得尤为重要。居住区绿地是居民社会交往的重要场所，通过各种绿化空间以及适当设施的塑造，为居民的社会交往创造了便利条件（图2-1-5）。同时，居住区绿地所提供的设施和场所，还能满足居民休闲时进行室外体育、娱乐、游憩活动的需要，实现"运动就在家门口"的生活享受。

图 2-1-5　居住区绿地中的交往空间

三、居住区绿地的设计内容和要求

（一）居住区公共绿地设计
1. 居住区公园

居住区公园集中反映了居住区绿地的质量水平，一般要求具有较高的设计水平和一定的艺术效果（图 2-1-6、图 2-1-7）。在现代居住区中，集中的、大面积的居住区公园成为不可缺少的元素，这是因为：从生态的角度看，居住区公园相对面积较大，有较充裕的空间模拟自然生态环境，对于居住区生态环境的创造有直接的影响；从景观创造的角度看，居住区公园一般视野开阔，有足够的空间容纳足够多的景观元素，构成丰富的景观外貌；从功能角度而言，可以安排较大规模的运动场地和运动设施，有利于居住区集体活动的开展；从住户心理感受而言，在密集的建筑群中，大面积的公园绿地则成为心灵呼吸的地方。因此，居住区公园以其面积大、景观元素丰富的特点，成为居住环境中的景观亮点和活动中心，是居住区生活空间的重要组成部分。同时，居住区公园因其良好的景观效果、生态效益，也往往成为房地产的"卖点"。

居住区公园设计时要充分利用地形，尽量保留原有绿化大树，布局形式应根据居住区的整体风格而定，可以是规则的，也可以是自然的、混合的或自由的。

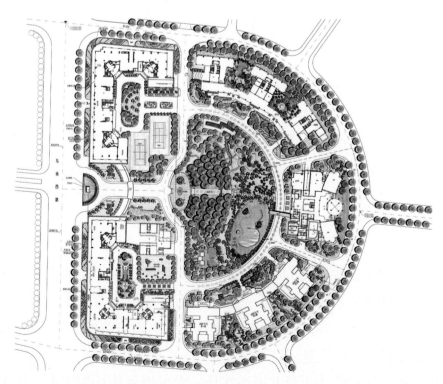

图 2-1-6　居住区公园设计平面图

图 2-1-7　居住区公园建成实景

（1）位置

居住区公园的服务半径以不超过 300 m 为宜，即小区所有楼群到公园的距离不超过 300 m。居住区公园位置　般要求适中，令居民使用方便，并注意充分利用原有的绿化基础，尽可能和居住公共活动中心结合起来布置，形成一个完整的居民生活中心。这样不仅节约用地，而且能满足居住建筑艺术的需要。

（2）规模

居住区公园的用地规模是根据其功能要求来确定的，功能要求又与整个人民生活水平有关，这些已反映在国家确定的定额指标上。目前，新建居住公共绿地面积采用人均 1~2 m² 的指标。

居住区公园主要是供居民休息、观赏、游憩的活动场所。一般都设有老人、青少年、儿童的游憩和活动等设施，但只有一定规模的整块绿地才能安排这些内容，这样的设计又有可能将居住绿地全部集中，不设分散的小块绿地，造成居民使用不便。因此，最好采取集中与分散相结合的原则，使居住区公园面积占居住区全部绿地面积的一半左右为宜。居住区公园用地分配比例可按建筑用地占 30% 以下，道路、广场、用地占 10%~25%，绿化用地占 60% 以上来考虑。

（3）内容安排

🍃 入口：入口应设在居民的主要来源方向，数量 2~4 个，与周围道路、建筑结合起来考虑具体的位置。入口处应适当放宽道路或设小型内外广场，以便集散。内可设花坛、假山石、景墙、雕塑、植物等作对景。入口两侧植物以对植为好，这样有利于强调并衬托入口设施。

🍃 场地：居住区公园内可设儿童游戏场、青少年运动场和成人、老人活动场。场地之间可利用植物、道路、地形等分隔。

儿童游戏场的位置，要便于儿童前往和家长照顾，也要避免干扰居民，一般设在入口附近稍靠边缘的独立地段上。儿童游戏场不需要很大，但活动场地应铺草皮或选用持水性较小的沙质土铺地或海绵塑胶面砖铺地。活动设施可根据资金情况、管理情况而定，一般应设供幼儿活动的沙坑，旁边应设座凳供家长休息用。儿童游戏场地上应种高大乔木以供遮阳，周围可设栏杆、绿篱与其他场地分隔开。

青少年运动场设在公共绿地的深处或靠近边缘的位置，独立设置，以避免干扰附近居民。该场地主要是供青少年进行体育活动，应以铺装地面为主，适当安排运动器械及座凳。

成人、老人休息活动场可单独设立，也可靠近儿童游戏场。在老人活动场内应多设些桌椅座凳，便于下棋、打牌、聊天等。老人活动场一定要做铺装地面，以便开展多种活动，铺装地面要预留种植池，种植高大乔木遮阳。

除上面讲到的活动场地外，还可根据情况考虑设置其他活动项目，如文化活动场地等。

🍃园路：居住区公园的园路能把各种活动场地和景点联系起来，使游人感到方便和有趣味。园路也是居民散步游憩的地方，所以设计的好坏直接影响到绿地的利用率和景观效果。园路的宽度与绿地的规模和所处的地位、功能有关，绿地面积在 50 000 m^2 以下者，主路 2～3 m 宽，可兼作成人活动场所，次路 2 m 宽；绿地面积在 5 000 m^2 以下者，主路 2～3 m 宽，次路 1.2 m 宽。根据景观要求园路宽窄可稍做变化，使其具有趣味性。园路的走向、弯曲、转折、起伏，应随着地形自然地进行。通常园路也是绿地排除雨水的渠道，因此必须保持一定的坡度，横坡一般为 1.5%～2.0%，纵坡为 1.0% 左右。当园路的纵坡超过 8% 时，需做成台阶。

扩大的园路就是广场，广场有三种类型：集散、交通和休息。广场的平面形状可以是规则、自然的，也可以是直线与曲线的组合，但无论选择什么形式，都必须与周围环境协调。广场的标高一般和园路的标高相同，但有时为了迁就原地形或为了取得更好的艺术效果，也可高于或低于园路。广场上的造景多为花坛、雕塑、喷水池等装饰小品，四周多设座椅、座凳、棚架、亭廊等供游人休息、赏景。

🍃地形：居住区公园的地形应因地制宜地处理，因高堆山，就低挖池，或根据场地分区、造景需要适当创造地形，地形的设计要有利于排水，以便雨后及早恢复地面干燥。

🍃园林建筑及设施：园林建筑及设施能丰富绿地的内容，增添景致，应给予充分的重视。由于居住区或居住区公园面积有限，因此，其园林建筑和设施的体量都应与之相适应，不能过大。

桌、椅、座凳：宜设在水边、铺装场地边及建筑物附近的树荫下，应既有景可观，又不影响其他居民活动。

花坛：宜设在广场上、建筑旁、道路端头的对景处，一般抬高 300～450 mm，这样既可当座凳，又可保持水土不流失。花坛可做成各种形状，既可栽花，也可植灌木、乔木及草，还可摆花盆或做成大盆景。

水池、喷泉：水池的形状可自然可规则，一般自然形的水池较大，常结合地形与山体配合在一起；规则形的水池常与广场、建筑配合应用，喷泉与水池结合可增加景观效果，并具有一定的趣味性。水池内还可以种植水生植物。无论哪种水池，水面都应尽量与池岸接近，以满足人们的亲水感。

景墙：景墙可增添园景，并可分隔空间。常与花架、花坛、座凳等组合，也可单独设置。其上即可开设窗洞，也可以实墙的形式出现，起分隔空间的作用。

花架：常设在铺装场地边，既可供人休息，又可分隔空间。花架可单独设置，也可与亭、廊、墙体组合。

亭、廊、榭：亭一般设在广场上、园路的对景处和地势较高处。榭设在水边，常作为休息或服务设施用。廊用来连接园中建筑物，既可供游人休息，又可防晒、防雨。亭与廊有时单独建造，有时结合在一起。亭、廊、榭均是绿地中的点景、休息建筑。

山石：在绿地内的适当地方，如建筑边角、道路转折处、水边、广场上、大树下可点缀些山石，山石的设置可不拘一格，但要尽量自然美观，不露人工痕迹。

栏杆、围墙：设在绿地边界及分区地带，宜低矮、通透，不宜高大、密实，也可用绿篱代替。

挡土墙：在有地形起伏的绿地内可设挡土墙。高度在 450 mm 以下时，可当座凳用。若高度超过视线，则应做成几层，以降低高度。还有一些设施如园灯、宣传栏等，应按具体情况配置。

🍃**植物配置**：在满足居住区或居住区公园游憩功能的前提下，要尽可能地运用植物的姿态、体形、叶色、高度、花期、花色以及四季的景观变化等因素，来提高居住区公园的园林艺术效果，创造一个优美的环境。绿化的配置，一定要做到四季都有较好的景致，适当配置乔灌木、花卉和地被植物，做到黄土不露天。

2. 组团绿地

组团绿地是直接靠近住宅的公共绿地，通常是结合居住建筑组布置，为组团内居民提供室外活动、邻里交往、儿童游戏、老人聚集等良好的室外条件。每个组团由 6～8 栋住宅组成，高层建筑可少一些，每个组团的中心有约 1 000 m² 的绿地，形成开阔的内部绿化空间，创造了家家开窗能见绿、人人出门可踏青的富有生活情趣的居住环境（图 2-1-8）。有的小区不设中心公园，而以分散在各组团内的绿地取

周边式

行列式

图 2-1-8　组 团 绿 地

而代之。

　　组团绿地的服务半径为 100~250 m，居民步行几分钟即可到达。由于离住户较近，便于使用，住户在茶余饭后即来此活动，因而游人量比较大，而且游人中约有一半以上是老人和儿童，或是携带儿童的家长，所以设计中对组团绿地要精心安排不同年龄层次居民的活动范围和活动内容，提供舒适的休息和娱乐条件。可将成人和儿童活动用地分开设置，以小路或种植植物来分隔，避免相互干扰。

　　组团绿地中通过硬质地面、具有特色的儿童游戏设施、花坛、花架、座凳、小型水景的设计，使不同组团具有各自的特色。组团绿地不宜建许多园林建筑小品，应该以花草树木为主，适当设置桌、椅、简易儿童游戏设施等，以使组团绿地适应居住区绿地功能的需求。

（二）公建设施绿地设计

　　居住区公共建筑和公用设施用地内的绿地，是由各单位使用、管理并按其功能需要进行布置的，这些绿地在改善和美化居住环境，以及丰富文化生活等方面发挥着积极的作用。

　　居住区内的公建设施绿地与城市单位附属绿地有不少共同之处，只是规模相对较小，类型相对较少，绿化设计时应结合四周环境及建筑设施的具体用途和要求进行布置。

　　关于居住区内的公建设施绿地设计可参阅"本书项目 3"的有关内容，在此不再赘述，现在简要介绍有关会所绿地的内容及设计。

1. 会所的含义

　　如今国内新建的居住区内，大多都设置了会所。何谓会所？"会所"一词来自香港，是指居住区内居民进行文、体、休闲等活动及聚会的场所，其功能作用相当于我们所熟知的俱乐部。

2. 会所绿地的主要内容

会所一般都设有游泳池、网球场等室内外活动场所，会所绿地主要是指室外活动场所的绿化布置。

3. 会所绿地设计原则

会所绿地作为居住区绿化水平的标志，其绿化布局应体现"美观、新颖、舒适"的设计原则，着重强调绿化景观空间的塑造。如某大型居住区会所的绿化设计方案（图2-1-9）。绿地采用规则式环状、点状配植方式，与半椭圆形铺装广场协调统一，明快流畅，富有时代感。风格独特的亭、廊、花架与游泳池、人工湖相互穿插，有机地融为一体；游泳池、人工湖的周围配植层次丰富、错落有致。根据当地气候特点，以油棕、海枣、椰树为主的棕榈科植物，营造出浓郁的亚热带氛围。

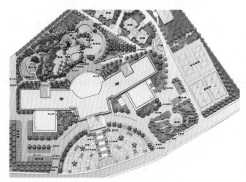 

平面图　　　　　　　　　　　　　　效果图

图2-1-9　会所绿地设计

（三）宅旁绿地的规划设计

宅旁绿地的主要功能是美化生活环境，阻挡外界视线、噪声和灰尘，为居民创造一个安静、舒适、卫生的生活环境，其绿地布置应与住宅类型、层数、间距及组合形式密切配合，既要注意整体风格的协调，又要保持各幢住宅之间的绿化特色。落叶乔木种植位置应距离住宅建筑有窗立面5.0 m以外，以满足住宅建筑对通风、采光的要求。

宅旁绿化包括底层住户小院（高层住宅一般不设）和住宅建筑本身的绿化。

1. 底层住户小院的绿化

低层或多层住宅，一般结合单位平面，在宅前自墙面向外留出3 m距离的空地，给底层每户安排一专用小院，可用绿篱或花墙、栏栅（图2-1-10）围合起来。小院外围

图2-1-10　底层住户小院

绿化作统一规划，内部则由各家自己栽花种草，布置方式和植物品种随住户喜好，但由于面积较小，宜采取简洁的布置方式，植物以盆栽为主。

2. 住宅建筑本身的绿化

住宅建筑本身的绿化包括架空层、屋基、窗台、阳台、墙面、屋顶、屋檐女儿墙绿化等几个方面，是宅旁绿化的重要组成部分，它必须与整个宅旁绿化和建筑的风格相协调。

（1）架空层绿化

近年新建的居住区中，常将住宅的首层架空，形成架空层，并通过绿化向架空层的渗透，形成半开放的绿化休闲活动区。这种半开放的空间与周围较开放的室外绿化空间形成鲜明对比，增加了园林空间的多重性和可变性，既为居民提供了遮风挡雨的活动场所，也使居住环境更富有透气感。

架空层的绿化设计（图 2-1-11）与一般游憩活动绿地的设计方法类似，但由于环境较为阴暗且受层高所限，因此，在植物品种的选择方面应以耐阴的小乔木、灌木和地被植物为主，园林建筑、假山等一般不予考虑，只适当布置一些与整个绿化环境相协调的景石、园林建筑小品等。

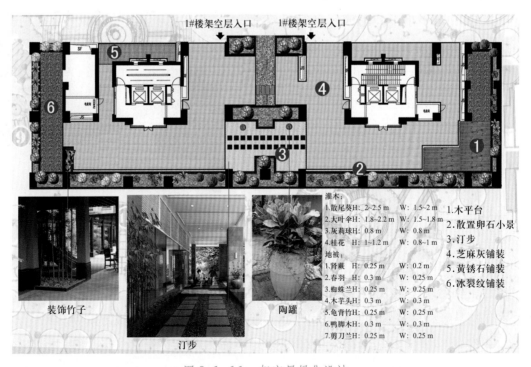

图 2-1-11 架空层绿化设计

（2）屋基绿化

屋基绿化是指墙基、墙角、窗前和入口等围绕住宅周围基础的绿化（图 2-1-12）。

图 2-1-12　屋基绿化

🍃 墙基绿化：指在建筑物与地面之间增添绿色，一般多选用灌木做规则式配置，亦可种上爬墙虎、络石等攀缘植物，将墙面（主要是山墙面）进行垂直绿化。

🍃 墙角绿化：墙角种小乔木、竹或灌木丛，形成墙角的"绿柱""绿球"，可打破建筑线条的生硬感觉。

🍃 窗前绿化：窗前绿化对于室内采光、通风，防止噪声、视线干扰等方面起着相当重要的作用，其配置方法也是多种多样的。如"移竹当窗"手法的运用，竹枝与竹叶的形态常被喻为清雅、刚健、潇洒，宜种于居室外，特别适合于书房的窗前；又如有的在距窗前 1～2 m 处种一排花灌木，高度遮挡窗户的一小半，形成一条窄的绿带，既不影响采光，又可防止视线干扰，开花时节还能形成五彩缤纷的效果；再如有的窗前设花坛、花池，使路上行人不致临窗而过。

🍃 入口绿化：在住宅入口处，多与台阶、花台、花架等结合进行植物配置，形成各住宅入口的标志（图 2-1-13）；也作为室外进入室内的过渡，有利于消除眼睛的光差，或兼作"门厅"之用。

图 2-1-13　入口绿化

（3）窗台、阳台绿化

窗台、阳台绿化是人们在楼层室外与外界自然接触的媒介，这不仅能使室内获得较为适宜的温度和良好景观，而且也丰富建筑立面造型并美化了城市景观。

窗台绿化一般用盆栽的形式以便管理和更换。根据窗台的大小，要考虑置盆的安全问题。另外窗台处日照较多，且有墙面反射热对花卉的灼烤，故应选择喜阳耐旱的植物。

阳台有凸、凹、半凸半凹三种形式，所得到的日照及通风情况不同，也形成了不同的小气候，因此选择植物较为重要，要根据具体情况选择不同习性的植物。种植植物的部位大致有三处：一是阳台板面，根据阳台面积的大小，选择植株的大小，但一般植物可稍高些，用阔叶植物从室内观看效果更好，使阳台的绿化形成"小庭院"的效果。二是阳台拦板上部（图2-1-14），可摆设盆花或设槽栽植，此外不宜植太高的花卉，因为这有可能影响室内的通风，也会因放置不牢发生坠落，有安全隐患。这里花卉可设置成点状、线

图 2-1-14　阳台绿化

状。三是沿阳台板向上一层阳台呈攀缘状种植植物，或在上一层板下悬吊植物花盆成为"空中绿化"形式，这种绿化能形成点、线，甚至面的绿化形态，无论从室内或是从室外看都富有情趣，但要注意不要满植，以免绿植封闭了阳台。

无论是阳台还是窗台绿化都要选择叶片茂盛、花美色艳的植物，才能使其怡情养性。另外还要使花卉与墙面及窗户的颜色、质感形成对比，相互衬托。

（4）墙面绿化和屋顶绿化

在城市用地十分紧张的今天，进行墙面（图2-1-15）和屋顶的绿化，即垂直绿化，无疑是一条增加城市绿量的有效途径。墙面绿化和屋顶绿化不仅能美化环境、净化空气、改善局部小气候，还能丰富城市的俯视景观和立面景观。屋顶绿化可参阅"本书项目4"的有关内容。

（5）屋檐女儿墙绿化

屋檐女儿墙的绿化（图2-1-16）多用于沿街建筑物屋顶外檐处。平屋顶建筑的屋顶，檐口处理通常采用挑檐和建女儿墙两种做法，既可在楼下观赏垂落的绿色植物，又可在屋顶上观看条形花带。屋顶檐口处建女儿墙一是出于建筑立面艺术造型的需要，同时也起到屋顶护身栏杆的安全作用。沿屋檐女儿墙建花池既不破坏屋顶防水层，又不增加屋顶楼板荷重，浇水养护均十分方便。

图 2-1-15　墙面绿化

图 2-1-16　屋檐绿化

（四）道路绿地

居住区道路绿地与城市街道绿地有不少共同之处，但是居住区内的道路由于交通、人流量不大，所以宽度较窄、类型也较少，一般分为住宅小路和居住区主干道两类（图2-1-17）。行道树可选中小乔木，只要分枝点在 2 m 以上就可以了。绿化布置时，道路两侧的种植宜适当后退，以便必要时急救车和搬运车等可驶入住宅楼门前。路旁植树不必都按行道树的方式排列种植，可以断续、成丛地灵活配置，与宅旁绿地、公共绿地布置配合起来，形成一个相互关联的整体。

住宅小路　　　　　　　　　　　　　　居住区主干道

图 2-1-17　居住区道路绿地

能力培养

居住区绿地设计训练
——以吴南华庭为例

1. 任务分析

吴南华庭项目位于宁夏回族自治区的吴忠市中心，规划用地 57 581 m²，绿地率 42.7%，场地东临利华街，南临富平大道，西临文卫路，北临友谊东路生活区，交通方便快捷，场地周边环境生活氛围浓厚。气候属于干燥少雨的温带大陆型，温差较大（图2-1-18）。

2. 设计原则分析

（1）协调

居住区景观设计要着重考虑与建筑的协调，为居民提供和谐的户外活动空间，并能衬托建筑之美、弥补建筑之不足。结合本居住区的简欧建筑特点，景观风格也以欧式风格为主，使建筑与景观浑然一体（图2-1-19）。

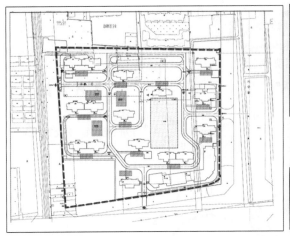

图 2-1-18　吴南华庭项目现状图

图 2-1-19　考虑与建筑的协调统一

（2）统一

基于对居住人群的行为分析，可以看出：中青年人群活动主要是早晚及休息日健身、运动、休闲、亲子。老人和儿童在小区内的日常活动主要集中在上下午的时间段，功能性主要是健身、亲子和休闲（图 2-1-20）。

根据以上小区居民的活动特点和需要，合理布局功能空间，满足小区内居民交通、交流、健身、亲子的需求，同时，也要为居民提供优美的观赏景观，达到功能性与景观性的统一（图 2-1-21）。

（3）行为

在本案中，根据居民的行为习惯和活动特点，合理配置各功能空间的尺度与位置，或开敞或封闭，均以人为本，使用适宜的尺度，使之更加有利于营造亲切、温暖的小区居民空间，方便居民活动，丰富居家生活体验（图 2-1-22）。

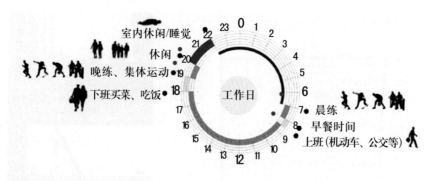

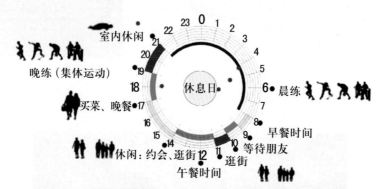

图 2-1-20　小区居民行为特点分析

图 2-1-21　功能与景观统一性设计图　　图 2-1-22　丰富居家生活体验——舞台广场

（4）经济

　　根据本案的绿地建设项目的经济指标，协调好景观设计的理想性与经济性的结合，准确定位，合理分配资金在各景观区域的投入，提供性价比高的环境解决方案。从实际设计中，注意运用本地化材料、软硬景的配置比例，以及设施数量和质量的合理搭配。

（5）安全

　　本案特别注意国家相关部门对于居住区环境设计的相关规范要求，如消防要求（图 2-1-23）、安全性要求、无障碍设计要求、物业管理维护要求等。

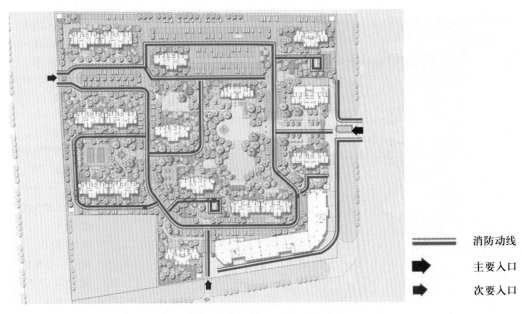

图 2-1-23 园区消防分析图

消防动线

主要入口

次要入口

3. 设计理念与元素提取

（1）设计理念

本案设计以简欧风格为蓝本，将欧式园林带入景观设计中。采用艺术装饰风格，建筑线条清晰，运用自然的几何图案、水线与点状水景多样化运用，营造出充满现代质感的氛围。这种风格既符合现代人的生活方式，又极具欧洲园林的韵味和气质。

（2）元素提取

景观汲取建筑外立面的欧式元素，即欧式水线、落水盘、小品雕塑等元素，作为景观节点表现手段注入景观空间之中（图 2-1-24）。

图 2-1-24 元素提取及景观应用

4. 整体布局

作为景观设计方，需要根据建筑总体规划的理念，充分考虑甲方项目定位，结合北方居民的居住习惯，完善小区景观功能定位，并结合当地干燥少雨的气候条件，选择适合当地的造园材料，重新布局和完善区内景观设计。

建筑布局呈正南北向格局，创造简欧风格。整体规划采用点式半围合景观庭院的绿化概念，形成景观中心庭院及宅间绿地。各庭院之间通过景观节点转换及绿带连接，使多个景观庭院相互贯穿渗透。既做到每个单元都拥有良好的环境条件，又使整个社区的绿化成为一个有机的整体（图 2-1-25）。

① 主入口水景
② 观景大道
③ 中心广场
④ 高尔夫推杆场
⑤ 廊架
⑥ 步行入口
⑦ 特色水景
⑧ 乒乓球运动场
⑨ 健身广场
⑩ 羽毛球运动场
⑪ 儿童游戏区
⑫ 花架
⑬ 停车区
⑭ 次入口水景
⑮ 舞台
⑯ 观景亭
⑰ 休闲亭
⑱ 休闲广场

图 2-1-25 总体规划图

5. 景观结构

本案景观空间如图 2-1-26 所示，东西向景观主轴由四个较大的景观节点串联而成。副轴线由六个景观次要节点串联而成。南北向由两个主要节点与次要节点串联。两个轴向的景观节点互相交叉渗透，互为呼应。正北面大面积的地面空间为

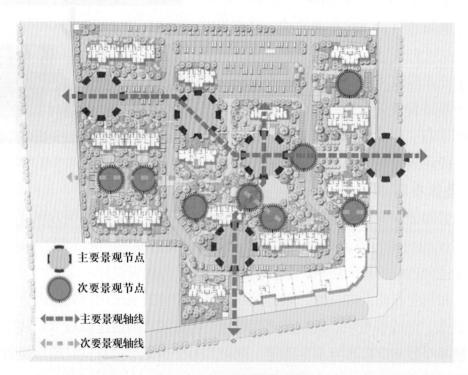

主要景观节点

次要景观节点

主要景观轴线

次要景观轴线

图 2-1-26 景观结构分析

因硬性建筑车位指标，需要满足。集中设置生态停车区域后，仅在栋间设置了次要景观节点。各个景观节点串联成线，各个节点大小不同的空间结构汇集成面。点、线、面结合形成了小区景观完整的序列。

6. 分区规划设计

（1）主入口景观设计

简欧园林景观讲究轴线对称。本案主入口（东入口）建筑呈非对称布局。为突出景观轴线的视觉冲击力，本段轴线分为小区门禁以外的入口形象景观和小区内的对称树列景观两部分。视线末端设置标志性的欧式景观落水盘，形成空间转换丰富、视觉元素多元化的入口效果（图 2-1-27，图 2-1-28）。

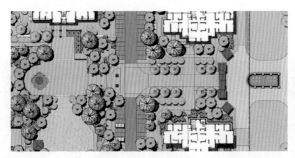

图 2-1-27　吴南华庭主入口景观平面　　　　图 2-1-28　主入口树阵景观效果

（2）南入口景观设计

该入口为人行次入口，是小区人流动线与社区商业动线的连接通道。两侧采用水线形成迎宾感，视线末端以简欧元素景墙结合跌水的形式作为景观节点（图 2-1-29）。

（3）西入口景观设计

西入口为小区行车主入口，在满足小区内车行流线的基本功能前提下满足部分行人进入需求。管理房设在中间，两侧设置人行道，并通过节点小水景的设置遮挡北面停车位空间，已达到美化视觉效果（图 2-1-30）。

（4）中庭景观设计

中庭景观是小区内最大的院落空间，既是小区的活动中心，也是景观重心。为满足高层高密度居住业主的活动功能空间需求，中庭部分设置硬质铺装社区集散广场。中央草地活动场地，周边设置漫步小道及休闲亭廊。同时为缓解高层建筑的压迫感，边界位置通过密集植物的多层次种植形成良好的植物天际线景观，弱化建筑轮廓的生硬线条（图 2-1-31）。

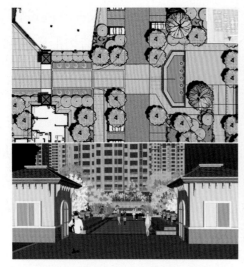

图 2-1-29　南入口景观设计图　　　　　图 2-1-30　西入口景观设计图

平面图　　　　　　　　　　　　　效果图

图 2-1-31　中庭景观设计图

任务 2.2　别墅庭院园林设计

任务目标 🍃

知识：1. 理解别墅庭院园林的设计原则。

　　　2. 掌握别墅庭院园林的设计要点。

技能：1. 能够分析别墅庭院园林设计的类型特点。

　　　2. 会做别墅庭院园林的设计。

知识学习 🍃

　　别墅庭院园林设计在很多人心目中的理解就是栽花种草，于是，经常可以看到这样的景象：有的别墅庭院园林中植物景观成为喷泉、雕塑、小品等人工景物的陪衬，庭院弄成了雕塑公园；有的偏爱用植物材料组成图案，热衷于把植物修剪成整齐划一的色带、球体或几何形体，庭院俨然成了公路绿化带；有的片面强调生态效应，将大量的成年名贵树种移栽到庭院中，不仅阻碍了光线，还因不懂养护导致树木枯死，造成不必要的经济损失。

一、别墅庭院园林的设计原则

1. 延续与协调

　　别墅庭院园林是居住区公共园林的延续，要与整体园林环境相融合；另外也要考虑与建筑风格的协调（图 2-2-1）。园林是协调建筑与环境的纽带，设计时务必将业主的兴趣与科学合理的布局相结合。专业设计师在设计别墅庭院园林时，会尽量调和这两者间的矛盾。他们首先考虑客户的兴趣爱好、年龄因素、家庭结构、从事行业，依此综合考虑设计出一个方案，然后再与客户商量进行改动，

图 2-2-1　别墅庭院园林设计图示例

尽量协调设计图与业主需求之间的矛盾处，最后拍板实施。园林要形成自己的生态小气候，植被结合水池会使小气候明显改善，生态和景观的多样性能使人身心愉悦。

2. 个性

不同的客户对别墅庭院园林的要求不同，不同的庭院景观体现居住者不同的生活状态。

别墅庭院园林一般可归纳为以下三种类型：

（1）自然式别墅庭院园林

自然式别墅庭院园林是完全模仿纯天然景观的野趣，不采用有明显人工痕迹的结构和材料（图2-2-2）。设计上追求虽由人做、宛如天成的美学境界。即使一定要布置硬质构造物，也采用天然木材或当地的石料，使之融入周围环境。

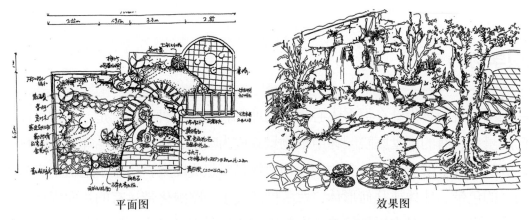

平面图　　　　　　　　　　　　效果图

图2-2-2　自然式别墅庭院园林设计图示例

（2）规则式别墅庭院园林

规则式别墅庭院园林构图为几何图形（图2-2-3），垂直要素也常为规则的球体、圆柱体、圆锥体等。规则式庭院又分为对称式和不对称式两种风格。对称式有两条中轴线，在庭院中心点相交，将庭院分成完全对称的四部分，规则对称式庭院庄重

图2-2-3　规则式别墅庭院园林

大气，给人以宁静、稳定、秩序井然的感觉。不对称式庭院的两条轴线不在庭院的中心点相交，单种构成要素也常为奇数，不同几何形状的构成要素布局只注重调整庭院视觉重心而不强调重复。相对于前者，后者较有动感且显活泼。

（3）混合式别墅庭院园林

大部分别墅庭院兼有规则式和自然式的特点，这就是混合式别墅园林。有三类表现形式，第一类是规则的构成元素呈自然式布局，欧洲古典庭院多有此类特点；第二类是自然式构成元素呈规则式布局，如我国北方的四合院庭院；第三类是规则的硬质构造物与自然的软质元素自然连接，现代的别墅庭院大部分场地尽管不对称，但靠近住宅的部分还是规则的，将方形或圆形的硬质铺地与自然植物景观和外缘不规则的草坪结合在一起（图 2-2-4）。

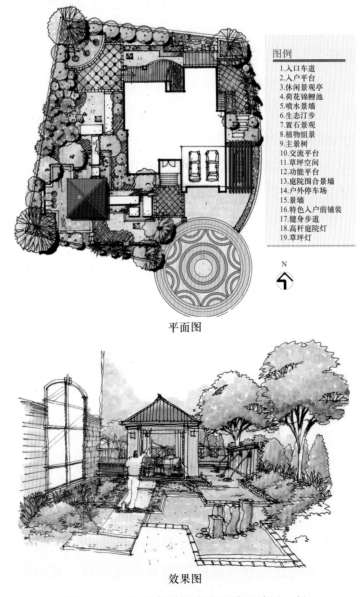

图例

1. 入口车道
2. 入户平台
3. 休闲景观亭
4. 荷花锦鲤池
5. 喷水景墙
6. 生态汀步
7. 置石景观
8. 植物组景
9. 主景树
10. 交流平台
11. 草坪空间
12. 功能平台
13. 庭院围合景墙
14. 户外停车场
15. 景墙
16. 特色入户前铺装
17. 健身步道
18. 高杆庭院灯
19. 草坪灯

N

平面图

效果图

图 2-2-4 混合式别墅庭院园林设计图示例

二、别墅庭院园林的设计要点

1. 立意

立意是根据功能需求、艺术要求、环境条件等因素综合考虑产生的总设计意图。一个好的别墅庭院园林设计首先要有立意，使人在相对封闭的庭院中享受到闲看庭前花开花落、漫观天外云卷云舒的意境。

2. 布局

布局是设计方法和技巧的中心问题，有了好的立意和环境条件，但是布局凌乱、不合章法，是不可能成为好的作品的。

3. 尺度与比例

尺度与比例是指空间内各个组成部分与具有一定自然尺度的物体的比较，是设计时不可忽视的一个重要因素。

4. 色彩与质感

色彩与质感的处理与空间的艺术感染力有密切的关系。

5. 细节设计

细节的处理也是很重要的，在整体空间里只有山水、花草、雕塑等还显不足，因为在这个空间里人们要活动，所以需要把细节处理好，这样才是一个完整的设计。这些细节主要包括各种灯光、椅子、驳岸、花钵、花架、大门造型等，甚至有的还包括垃圾桶、水龙头等。因此，对于这些细节都要做设计。

能力培养

别墅庭院园林设计训练
——以成都华阳某别墅庭院设计为例

1. 任务分析

成都市麓山国际社区位于成都市双流县人民南路南延线麓山大道，建筑用地2 600余亩，总建筑面积达100万 m²。2 600余亩的建筑用地，用一条蜿蜒曲线划分出两个均等片区，一个片区为独立别墅区，用高尔夫球场式的景观为主线贯穿所有别墅组团；另一个片区是低密度高层住宅区，低洼的峡谷区域是上千亩的碧野景观道，峡谷两旁的丘陵地带是层层叠叠的别墅群，某别墅就是其中的一座（图 2-2-5，图 2-2-6）。

图 2-2-5　某别墅现状照片

图 2-2-6　某别墅现状图

2. 设计原则分析

（1）行为

该庭院的设计首先考虑到业主的意愿，遵照业主的要求，合理地组织和设计庭院空间。首先体现为别墅庭院植物景观设计满足业主的户外活动规律与需求。根据业主的要求，在主花园设计了木结构景亭及观景平台，并配置了休闲座椅，形成适合人居的私家庭院景观（图 2-2-7）。不但满足了业主的居住活动，遮阳赏景，还通过植物景观的营造，提高了环境质量。

图 2-2-7　庭院"以人为本"的体现

（2）植被

随着城市化发展，人们亲近自然、回归自然和保护环境、改善环境的意识越来越强烈。本案遵循"接近自然，回归自然"的法则，根据业主对农家果园的喜爱，采用车厘子、柚子、樱桃和枇杷等当地乡土果树为主景树，同时栽植了桂花、紫薇和红枫等观花观叶植物，因地制宜地选择了与当地自然环境全面融合的乡土树种和适生树种作为主要造景素材，并模拟自然的生态群落，按照上、中、下三层进行设计，尽量做到四季有花可观，有景可看，使居住建筑完全融入绿色的自然怀抱（图 2-2-8）。

（3）空间

别墅庭院的空间设计主要表现在空间的形态、比例和空间的光影变化，是形成优美环境的重要因素。通过空间设计与植物组合，能给人美的感观，做到科学与艺术的统一。本案在小空间的处理上，也体现了统一与变化、均衡与对称、节奏与韵律等原则。在庭院的私密小空间里，结合盆景植物与道路汀步的曲折处理，让庭院空间通过先藏后露、闭合与通透的变化，使空间增添层次感和丰富感，形成引人入胜的韵律空间（图 2-2-9）。

图 2-2-8 庭院乡土植物景观营造

图 2-2-9 庭院小空间的营造

（4）经济

本案首先在植物选择上首选当地的乡土树种，既能减少后期养护费用，还可以形成地域特色。其次，选择寿命长、粗放式管理的植物，同样能减少后期的维护和管理成本。此外，该别墅庭院的植物景观与产出相结合，在满足庭院功能与审美要求的前提下，栽种了当地乡土果蔬类经济植物，使业主能享受到收获的喜悦。

3. **整体布局**

本案别墅庭院面积约 200 m²，紧邻的高尔夫球场为庭院提供了开阔的视野。因此庭院空间的布局因地制宜，在庭院的前厅以大块草坪延伸出去与高尔夫球场融为一体，视觉上较为开阔、舒适。

在庭院底层北侧，位于休闲厅后面设计了一块枯山水场地，既是主厅空间的延伸，又能更好地享受庭院带来的宁静。为了充分借景，在庭院西侧设计了观景平台。为满足业主闲逸、静思的要求，在庭院前厅两侧各设置自然水景和休闲亭，达到动静结合，且分别在观鱼池与休闲亭两侧各设置一组小汀步，供主人闲步游乐（图 2-2-10）。

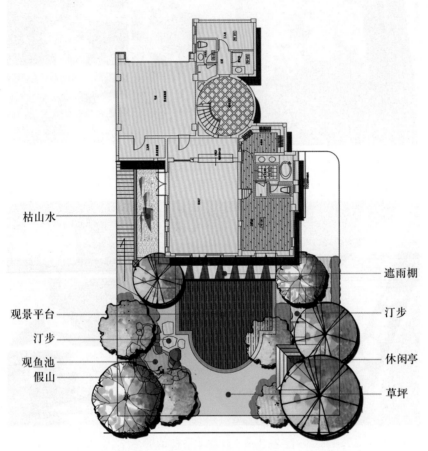

枯山水

遮雨棚
观景平台
汀步
汀步
观鱼池
休闲亭
假山
草坪

图 2-2-10　别墅庭院底层园林设计平面图

　　在二层花园北侧设计了休闲小平台，周围配置高低错落的乡土植物，营造了丰富的植物群落景观，并在平台上设置了座椅，供主人休闲。在南侧次卧室外侧，配置曲折的汀步与盆景植物，构成了具有韵律变化的私密小空间景观（图 2-2-11）。

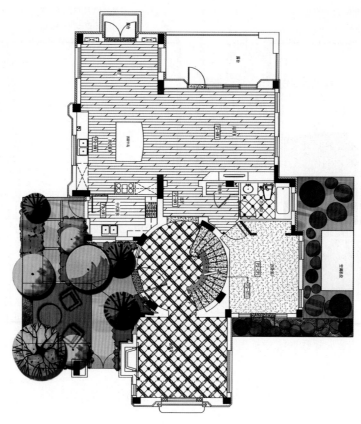

图 2-2-11　庭院二层园林设计平面图

课后练习

别墅庭院园林设计：图 2-2-12 所示为杭州市千岛湖镇玫瑰园某别墅的现状图，根据已经学习的别墅庭院园林设计的相关知识，进行该别墅庭院园林设计。

1. 项目概况

绿城千岛湖玫瑰园坐落于千岛湖镇开发路南侧，北依千岛湖畔，南邻自来水厂，由法式联排别墅、湖景独栋别墅和高层山水景观公寓组成，配以休闲运动主题会所，本案别墅庭院就是其中的一座联排别墅。

2. 内容要求

根据已提供的资料及相关数据（图 2-2-13），设计一个别墅庭院绿地景观，具体要求如下：

（1）因现状植物长势不好，可全部重新设计。

（2）整体景观设计符合别墅绿地设计原则及设计要点。

（3）植物品种的选择适合别墅庭院的基本要求。

（4）图纸绘制规范，最终完成别墅庭院景观设计 CAD 平面图 1 张。

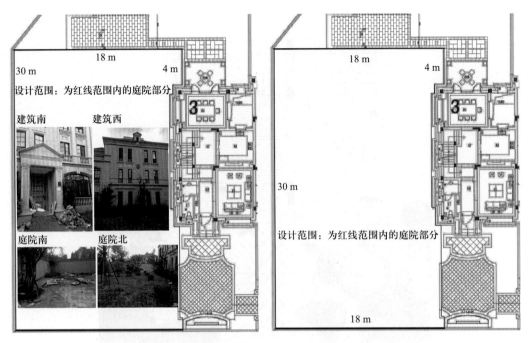

图 2-2-12　别墅现状分析图　　　　　　　　图 2-2-13　别墅现状图

　　任务完成后，同学们需填写本任务的设计评价内容（表 2-2-1）和个人学习反馈内容（表 2-2-2）。

表 2-2-1　杭州千岛湖玫瑰园某别墅绿地设计评价表

项目组长及责任					
成员及角色分工					
评价类型		职业能力	组内自评	组间互评	教师点评
过程性评价（70%）	专业能力	植配能力（40%）			
		绘图能力（10%）			
	社会能力	工作态度（10%）			
		分工合作（10%）			
终结性评价（30%）		作品的合理性（10%）			
		作品的规范性（10%）			
		作品的完成性（10%）			
总评分		各项评分			
		总评分			
总结评价					

表 2-2-2　本教学任务中的个人学习反馈表

序号	反馈内容	反馈要点	反馈结果			
			优	良	中	差
1	知识与技能	是否明确本任务的学习目标				
		能否说出别墅庭院的绿化特点				
		能否针对相关案例阐述别墅庭院绿地的设计原则				
		能否列举出当地别墅庭院常用的绿化植物种类				
		是否掌握别墅庭院的主要设计要点				
2	过程与方法	能否利用多种信息源（二维码、互联网、光盘等）自主学习，查阅相关案例				
		能否通过分组合作完成本项目中的各个任务				
		能否运用本任务相关知识去调查当地经典别墅项目				
3	情感、态度和价值观	是否喜欢这种完成任务的方式				
		对自己在本任务中的表现是否满意				
		对本小组成员之间的团队合作是否满意				

请阐述自己在本教学任务中的心得体会：

项目小结

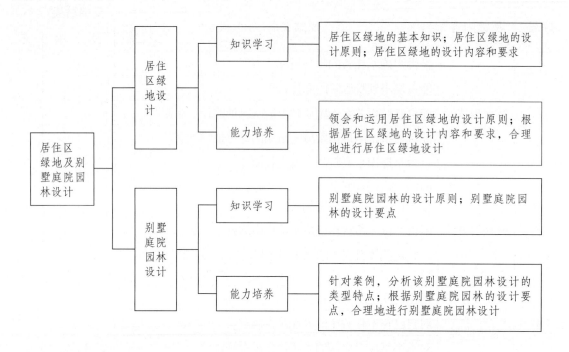

项目测试

1. 名词解释

居住区　会所　自然式别墅园林　规则式别墅园林　混合式别墅园林

2. 简答题

（1）居住区绿地由哪几部分组成？

（2）居住区绿地的作用体现在哪几个方面？

（3）居住区绿地的特殊性有哪些？

（4）居住区绿地的设计原则有哪些？

（5）居住区公园的位置选择应满足什么条件？

（6）居住区绿化环境所塑造的景观空间具有哪些基本特征？

（7）在现代居住区中，为什么大面积的集中居住区公园成为不可缺少的元素？

（8）居住区公园的内容主要有哪些？

（9）组团绿地的设计要求有哪些？

（10）宅旁绿地的主要功能有哪些？

（11）住宅建筑本身的绿化包括哪些？

（12）别墅庭院园林的设计原则有哪些？

（13）别墅庭院园林的设计要点有哪些？

3. 综合分析题

（1）小杨同学对"落叶乔木栽植位置应距离住宅建筑有窗立面 5.0 m 以外"这句话不太明白，你能对他解释清楚含义，并说明这么设计的原因吗？

（2）你能运用所学知识，选择自己所在城市的一个居住区分析其绿地特点吗？

（3）从事建材生意的李老板最近在北京近郊买了一栋别墅，为了显现出自己别墅的独特性，他花重金请人在庭院里种植了大王椰子、假槟榔等棕榈科植物。一段时间后，你猜会出现什么现象？请你解释此现象。

项目链接

一、居住区绿地设计的一般要求

1. 在居住区绿地总体规划的指导下，进行开放式绿地或封闭式绿地的设计。绿地设计的内容包括：绿地布局形式、功能分区、景观分析、竖向设计、地形处理、绿地内各类设施的布局和定位、种植设计等，提出种植土壤的改良方案，处理好地上和地下市政设施的关系等。

2. 居住区内如以高层住宅楼为主，则绿地设计应考虑鸟瞰效果。

3. 居住区绿地种植设计应按照以下要求进行：

（1）充分保护和利用绿地内现有树木。

（2）因地制宜，采取以植物群落为主，乔木、灌木和草坪地被植物相结合的多种植物配置形式。

（3）选择寿命较长、病虫害少、无针刺、无落果、无飞絮、无毒、无花粉污染的植物种类。

（4）合理确定快长树、慢长树的比例。慢长树所占比例一般不少于树木总量的 40%。

（5）合理确定常绿植物和落叶植物的种植比例。其中，常绿乔木与落叶乔木种植数量的比例应控制为 2∶1~3∶1（南方）或 1∶3~1∶4（北方）。

（6）在绿地中乔木、灌木的种植面积比例一般应控制在 70%，非林下草坪、地被植物种植面积比例宜控制在 30% 左右。

4. 根据不同绿地的条件和景观要求，在以植物造景为主的前提下，可设置适当的园林小品，但不宜过分追求豪华和怪异。

5．居住区绿地内的灌溉系统应采用节水灌溉技术，如喷灌或滴灌系统，也可安装上水接口灌溉。

6．绿地范围内一般按地表径流的方式进行排水设计，雨水一般不宜排入市政雨水管线，提倡雨水回收利用。雨水的利用可采取设置集水设施的方式，如设置地下渗水井或透水地面等收集雨水并渗入地下。

7．绿地内乔、灌木的种植位置与建筑及各类地上或地下市政设施的关系，应符合国家有关规定：乔木与地下管线的距离是指乔木树干基部的外缘与管线外缘的净距离。灌木或绿篱与地下管线的距离是指地表处分蘖枝干中最外的枝干基部的外缘与管线外缘的净距离。

8．落叶乔木栽植位置应距离住宅建筑有窗立面5.0 m以外，满足住宅建筑对通风、采光的要求。

9．居住区绿地内绿化用地应全部用绿色植物覆盖，建筑物的墙体可布置垂直绿化。居住区绿化苗木的规格和质量均应符合国家或本市苗木质量标准的规定，同时应符合下列要求：

（1）落叶乔木干径应不小于80 mm。

（2）常绿乔木高度应不小于3.0 m。

（3）灌木类不小于3年生。

（4）宿根花卉不小于2年生。

二、居住区绿地率的规划控制

1．关于居住区绿地率：居住区绿地率（ratio of green space/greening rate）描述的是居住区用地范围内各类绿地的总和占居住区用地的比例（%）。居住区绿地率所指的"居住区用地范围内各类绿地"主要包括公共绿地、宅旁绿地。其中，公共绿地又包括居住区公园、小游园、组团绿地及其他的一些块状、带状化公共绿地。

2．居住区绿地率计算公式：

居住区绿地率＝（居住区绿地总面积/居住区用地总面积）×100%

3．一般新建区绿地率不应低于30%，旧区改造绿地率不应低于25%。

4．居住区绿地面积的计算。居住区绿地面积是居住用地内公共绿地、宅旁绿地、公建设施绿地和道路绿地（即道路红线内的绿地）等各种形式绿地的总称，包括满足当地植树绿化覆土要求、方便居民出入的地下或半地下建筑的屋顶绿地，不包括其他屋顶、晒台的绿地及垂直绿化。

（1）公共绿地包括各级中心绿地、河、湖畔绿地和其他带状、块状绿地，同时满足以下指标：宽度不小于 8 m，面积不少于 400 m²，总指标不应少于 1 m² / 人。

（2）中心绿地与宅旁绿地的主要区别为：有 1/3 以上的绿地面积在规定建筑间距范围之外，可作为中心绿地，否则作为宅旁绿地。

（3）宅旁绿地面积计算起止界线为：绿地边界对宅间路、组团路和小区路计算至路边，当小区路设有人行便道时计算至便道边；沿居住区路、城市道路则计算至红线；距房屋墙脚 1.5 m，对其他围墙、院墙计算至墙角。

（4）道路绿地面积计算：以道路红线内规划的绿地为准进行计算。

（5）院落式组团绿地面积计算的起止界线为：绿地边界对宅间路、组团路和小区路计算至距路边 1 m，当小区路设有人行便道时算到人行便道边；沿居住区道路、城市道路则计算至道路红线；距房屋墙脚 1.5 m。

（6）块状、带状公共绿地面积计算的起止界线同院落式组团绿地，沿居住区级道路、城市道路的公共绿地计算至红线。

（7）地下建设项目覆土深度大于 0.6 m、地表进行绿化的，可以计入地表绿地率。

（8）关于地面停车场，株行距在 6 m×6 m 以下栽有乔木的停车场计算为绿化用地面积。边缘栽植有高大树木的停车场或只是铺设草地砖、从空隙处长满青草的停车场都不能作为绿地面积计算在居住区绿地率中。

项目 3

单位附属绿地设计

项目导入

　　袁琳的妈妈是一名中学语文教师，5月份的一个周末，袁琳陪着妈妈去学校加班。到了学校，袁琳发现在学校教学楼和学生食堂之间的一片草地已经被学生踩出了一条直达食堂的小路，妈妈感叹现在的学生太不文明了，袁琳却对着这条小路沉思起来，然后对妈妈说，这可不能怪学生，根据我刚学的园林设计知识，学校绿化的一个重要设计原则就是行为原则，即学校活动的主体是教师和学生，在设计时应充分把握其时间性、群体性的行为规律。如大礼堂、食堂、教学楼等人流较多的地方，绿地中应多设捷径，园路也应适当宽些。而你们学校教学楼到学生食堂的路被这片草地拦住了，学生只好"行不由径"了。

　　人们的生活、学习与工作都离不开性质各异、规模不等的单位，如幼儿园、学校、医院、工矿企业、机关单位、宾馆饭店。单位附属绿地就是由各个单位使用、管理，并各按其功能需要进行布置的一种绿地类型。这种绿地在改善局部小气候、塑造单位形象、美化工作环境、创造交往空间等方面都发挥着积极的作用。本项目主要通过幼儿园、学校、医疗机构、工矿企业、机关单位、宾馆饭店等附属绿地的设计，使同学们熟悉单位附属绿地的设计原则，掌握单位附属绿地的设计内容及要求。

　　本项目的学习内容为：（1）幼儿园绿地设计；（2）学校绿地设计；（3）医疗机构绿地设计；（4）工矿企业绿地设计；（5）机关单位绿地设计；（6）宾馆饭店绿地设计。

任务 3.1　幼儿园绿地设计

任务目标

知识： 1. 理解幼儿园绿地设计的指导思想。

2. 掌握幼儿园绿地设计的内容及要求。

技能： 1. 能够分析幼儿园绿地的布局特点。

2. 会进行幼儿园绿地设计。

知识学习

幼儿园是儿童长身体、长知识的启蒙教育场所。幼儿园园址应设在无污染、通风好、日照佳、排水通畅、交通安全方便的地方。

一、幼儿园绿地设计的指导思想

儿童精力旺盛、活泼好动，故幼儿园绿地设计要求以开畅、通透、明快为基调，形式上讲求自由活泼，以回归自然为基调，安全性、科学性、趣味性和知识性相结合，使用环保建材和保健性树木花草，构建各种充满童趣的活动、休憩空间，给孩子们提供一个快乐、舒适、健康、充满活力、色彩斑斓、启发想象力的童真乐园。

二、幼儿园附属绿地布局

1. 总体布局

一般正规的幼儿园包括室内活动和室外活动两部分。根据活动要求，室外活动场地又分为公共活动场地、自然科学等基地和生活杂务用地（图 3-1-1）。

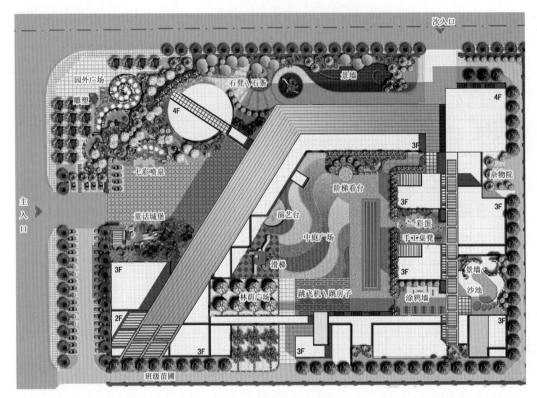

图 3-1-1　幼儿园平面布置图

2. 室外公共活动场地

幼儿园的室外公共活动场地是儿童游戏活动的地方，也是幼儿园的重点绿化区。该区绿化应根据场地大小，结合各种游戏活动器械的布置，设置适合儿童的身心特征、活动尺度的小亭、花架、涉水池、沙坑、涂鸦墙（蛋）等（图 3-1-2）。在活动器械附近，以遮阳的落叶乔木为主（图 3-1-3），角隅适当点缀花灌木，花基均以圆角处理，活动器械下的铺装应选用海绵砖，以提高安全性。场地应开阔通畅，不能影响儿童活动。

平面图　　　　　　　　　　　　　　效果图

图 3-1-2　涂鸦蛋设计

图 3-1-3 活动器械附近的绿化

3. 菜园、果园及小动物饲养地

菜园、果园及小动物饲养地是培养儿童热爱劳动、热爱科学的场所。有条件的幼儿园可将其设置在全园下风口处的一角，用绿篱隔离，里面种植少量果树，油料、药用等经济植物，或开辟成菜园（图3-1-4），还可饲养少量家畜家禽（图3-1-5），以供孩子们亲近动植物，感受生命的成长。

图 3-1-4 菜园

图 3-1-5 小动物饲养地

4. 周边绿化

在幼儿园周围种植成行的乔灌木，可形成浓密的防护带，起防风、防尘和隔离噪声作用。

三、植物的选择

幼儿园种植的植物种类要考虑儿童的心理特点和身心健康，选择形态优美、色彩鲜艳、适应性强、便于管理的植物，禁用有飞毛、毒、刺及引起过敏的植物，如不宜选用马缨丹、黄刺玫、漆树、凤尾兰等。同时，建筑周围注意通风采光，5 m内不能种植高大乔木。

能力培养

幼儿园绿地设计训练
——以珠海市横琴新区横琴镇中心幼儿园绿地设计方案为例

1. 设计范围

图3-1-6为珠海市横琴新区横琴镇中心幼儿园红线、已有主体建筑及绿地现状图，其外环境空间设计范围包含红线所在围墙之内与主体建筑之外的所有空间，另外还有3个建筑小内庭，设计面积200 m²。

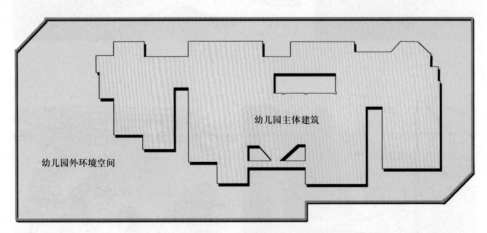

图3-1-6　珠海市横琴镇中心幼儿园红线、已有主体建筑及绿地现状图

2. 功能定位

以幼儿科普和娱乐为核心，集场景式娱乐、休憩、科普展示、成长体验和生态环保于一体，主要针对该园幼儿户外活动的外环境空间进行定位设计。

3. 设计理念

幼儿园的户外场地是孩子们游戏运动、锻炼身体、拓展思维的重要场所。该设计立足于为该园儿童提供一个自由无束缚、身临其境、妙趣横生、寓教于乐的活动空间。

（1）自由无束缚

为了让园内幼儿无拘无束地奔跑跳跃，方案设计融入了方方面面的考量，如建筑的体量、植物的选用、教师看护的视线，该设计将确保儿童安全视为首要前提。

（2）身临其境

儿童身临其境的体验感受，需要有完整的场景营造，方案将各种游戏设施融入特色自然景观设计中，并单独设班级种植区让小朋友能在感受自然气息的环境中欢乐游戏，并体验生命的成长，也收获自己的快乐。

（3）妙趣横生

设计中减少被动游戏的设置，着重为小朋友提供安全合理的游乐环境，让他们能自己创造游戏，感受别样的妙趣。

（4）寓教于乐

方案通过各种动植物雕塑、声音影像、图画和建筑外形等形式，为小朋友普及新奇的自然科普知识。

4. 设计原则

（1）自然性

园区环境凸显光、影、水、植物等自然因素，让小朋友在大自然中自由释放能量，在与自然对话的过程中培养认知力和创造力，如游泳戏水区、植物及休闲区和班级种植区设施的设置。全园各区的设置也充分考虑释放儿童的自然天性。

（2）安全性

全园不种植易引起过敏、有毒、有刺的植物；操场及玩具和器械区地面使用无毒的建筑材料，并且必须有足够的厚度来减缓冲击力；戏水泳池深度根据大、中、小班幼儿不同的身高及活动特点设置；防护围墙、防护围栏等安全防护措施贯穿全园，以保障幼儿安全。

（3）耐用性

幼儿园将承载一批又一批小朋友成长的记忆，所以在建材和绿化植物的选择上考虑选用经久耐用的材料、寿命长的树种，孩子们再过 5 年或 10 年回来看，当年的小树都已长成了大树，这对孩子们来说会另有一番奇妙美好的感觉。

（4）可更换性

班级种植区选择一年生花卉和一季生蔬菜苗，供小朋友们每季、每年都可以尝试体验不同的种植乐趣；部分游乐设施也依经济条件许可，考虑适当更换，以满足孩子们的新鲜感。

（5）趣味性

精心挑选、设计各种儿童活动场地、游乐设施和配套服务设施（图3-1-7），使用令儿童愉悦的明亮色彩，营造能激动人心，激发灵感，富有趣味性、挑战性、参与性的幼儿活动空间。

图 3-1-7　珠海市横琴镇中心幼儿园绿地儿童活动设施意向图

5. 整体设计

本案设计的运动场、跑道、玩具活动区、戏水区等在满足幼儿户外运动需求的同时，在景观上营造出起伏变化的草地、弯曲延绵的园路、极具特色的小品和建筑物，绿意盎然的树木、各种各样的玩具措施，一起构成童话中的森林，森林中的童话（图3-1-8，图3-1-9）。

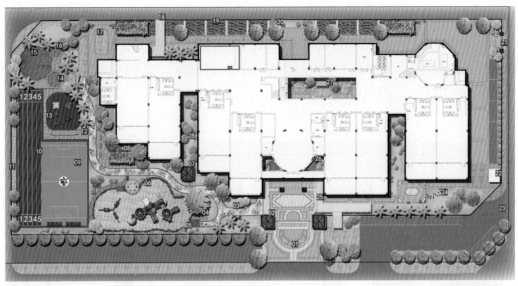

图示： ⓪1 幼儿园主入口　⓪5 木平台　　⓪9 足球场　　13 小型器械区　　17 活动平台　　21 后勤入口　　25 风雨连廊
　　　 ⓪2 保安亭　　　　⓪6 沙池　　　10 跑道　　　14 戏水池　　　18 人行次入口　　22 垃圾收集点　26 景观鱼池
　　　 ⓪3 特色园路　　　⓪7 景观亭　　11 升旗台　　15 游泳池　　　19 班级种植区　23 接送车辆入口　27 休憩庭院
　　　 ⓪4 洗手池　　　　⓪8 景观花架　12 嵌草铺装　16 洗脚池　　　20 景墙　　　　24 趣味木桩　　28 室外花钵

图 3-1-8　珠海市横琴镇中心幼儿园绿地设计平面图

⓪1 景观花架　　　⓪2 趣味座凳　　　⓪3 特色园路　　　⓪4 游泳池

⓪5 彩色安全胶垫　⓪6 嵌草铺装　　　⓪7 景观亭　　　　⓪8 洗手池

图 3-1-9　珠海市横琴镇中心幼儿园绿地景观意向图

6. 分区设计

本设计依据规范，按照现有场地实际情况，将全园绿地分为7个区域（图3-1-10），分别是入口广场区、大型玩具区及沙池、小型器械区、升旗操场区、植物及休闲区、游泳戏水区和班级种植区。

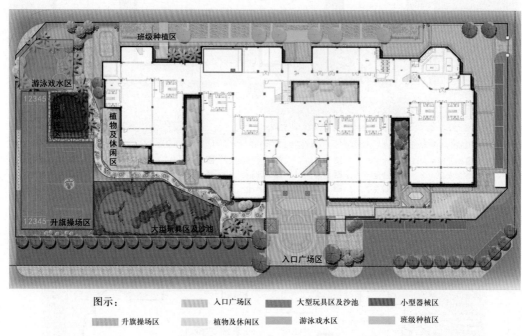

图3-1-10　珠海市横琴镇中心幼儿园绿地分区示意图

（1）入口广场区

场地不大，仅设保安亭。地面铺砖与建筑均对称布局。

（2）大型玩具及沙池区

设沙地游戏玩具，放置一些情景小品游戏以及常见的沙地游戏，如秋千、蹦蹦床等。另设洗手台和休憩木平台，供小朋友清洁和休息。

（3）小型器械区

集中设置各类小型器械供小朋友们活动，其周边铺砖镶草地面，但器械活动范围内用耐磨、可缓冲且无毒的彩色软质铺地材料。

（4）升旗操场区

此区设计为供全园集中升旗和集会的大型场地，平时供小朋友踢球、奔跑、玩飞碟等各类体育活动。

（5）植物及休闲区

供小朋友及其家长或老师们休息交流的空间。设花架园椅等设施，并在这一区域侧重利用乔灌木、藤本及地被植物，营造全园的一个相对安静休闲的空间。

（6）游泳戏水区

这是为小朋友设置的亲水游玩区，分洗脚池、戏水池和游泳池。戏水池水深不超过 0.35 m，游泳池深度也按不同班级的幼儿适当分级。用水使用市政自来水补给。

（7）班级种植区

沿着围墙分出多个小块种植地，指定给不同的班级，给小朋友提供亲自动手实践，体验种花（菜）的空间，让小朋友参与和感受成长的快乐。

7. 铺装设计

在本案例中，全园铺装随功能分区而异。根据不同景观和场地功能的特点，铺装从材质选择、拼贴形式、颜色变化上都有不同的处理，但各区注意呼应，使全园铺地丰富多样的同时又具有整体协调性。活动节点铺装缤纷的色彩、多变的材质来吸引对新鲜事物充满好奇心的幼儿们，同时期望激发他们的想象力（图 3-1-11）。

图 3-1-11　珠海市横琴镇中心幼儿园绿地铺装意向图

8. 其他设施设计

在本案例中，全园使用的座凳、垃圾箱、多媒体广播等其他设施应注意在造型和色彩上生动有趣，激发小朋友们的审美认知（图 3-1-12）。

9. 植物设计

全园种植形式设计应活泼（图 3-1-13），注重利用植物材料营造不同的功能空间，在色彩的搭配上多选用开花和色叶植物，丰富孩子们对颜色的感官认识。忌用有毒的、花粉可致过敏的、枝叶有硬刺的、枝叶形状呈尖硬剑刺状的，以及有浆果或分泌物坠地的品种；忌用挥发物引起明显不适反应的品种；忌用落果易砸伤人的品种；忌用飘絮易引起哮喘的品种；宜选用病虫害较少的乡土植物品种（图 3-1-14）。

垃圾箱意向图

座凳意向图

多媒体广播意向图

图 3-1-12 珠海市横琴镇中心幼儿园绿地其他设施意向图

01 蔬林草地
02 遮阳大树

05 行道树   07 硕果区
06 葡萄架   08 班级种植区

03 墙边绿化
04 野生植物区

图 3-1-13 种植形式设计意向图

<table>
<tr><td>大王椰子</td><td>海南椰子</td><td>凤凰木</td></tr>
<tr><td>蓝花楹</td><td>黄花风铃木</td><td>白玉兰</td></tr>
<tr><td>狼尾草</td><td>伞莎草</td><td>木瓜</td></tr>
<tr><td>杨桃</td><td>杧果</td><td>荔枝</td></tr>
</table>

图 3-1-14 植物选择意向图

任务 3.2   学校绿地设计

任务目标

知识：1. 理解学校绿地的设计原则。

2. 掌握学校绿地的设计内容及要求。

技能：1. 能够分析学校绿地的布局特点。

2. 会设计学校绿地。

3. 熟悉园林设计模型的制作内容和步骤。

知识学习

一、学校绿地的作用

1. 创造优美的环境

众所周知，人与环境是相互作用的，"人创造了环境，而环境又改变了人"。实践证明，融生态美、艺术美、科学美和社会内容美于一体的校园绿化环境（图 3-2-1），对师生具有凝聚、激励和导向作用，使师生对学校产生一种归属感、责任感和自豪感，激发师生奋发向上、孜孜求学、爱国爱校的精神，引导师生的思想行为向健康、文明的方向发展，同时又约束了不良的行为习惯和倾向，这都有利于形成优良的品德和正确的人生观。

2. 提供交往空间

学习需要多渠道、全方位的交流，学校绿化应为教师与学生、学生与学生之间的广泛交流提供空间（图 3-2-2）。正如西方有位哲人所言，"在一棵树下，教师不把自己当成教师，学生也不把自己当成学生，这样一些人，就许多实际问题平等地进行交谈，这才是学校的开端。"

图 3-2-1 优美的校园环境 图 3-2-2 校园交往空间

二、学校绿地的设计原则

1. 多用绿色原则

学校绿地应为师生创造舒适、清洁、美观、充满活力的环境，这是学校绿化的先决条件，因此，在学校绿化建设中，应以植物造景为主，用大量的绿色来表现校园的雅静和勃勃生机，绿地率不得低于 35%。过分色彩缤纷、富丽斑斓的景观则难以与学校的教学氛围相吻合。

2. 顺应群体行为原则

学校活动的主体是教师和学生，在设计时应充分把握其时间性、群体性的行为规律。如大礼堂、食堂、教学楼等人流较多的区域，绿地中应多设捷径，园路也应适当宽些。

3. 区分功能原则

学校主要包括校前区、教学区、办公区、生活区等功能区，设计时应根据各功能区的不同特点进行布置。如校前区绿地多设计成装饰绿地，而校道往往布置成林荫道。

4. 植入文化原则

"一个光秃秃的校园，是培养不出社会栋梁的。"校园绿化应该在绿化的基础上，适当设计小品，将绿化与文化有机地结合起来，提高绿地的艺术品位和文化内涵。

三、学校绿地的设计内容及要求

1. 校前区绿化

学校校前区的绿化要与大门建筑形式相协调，以装饰观赏为主，突出庄重典雅、朴素大方、简洁明快、安静优美的学校校园环境。绿化设计以规则式绿地为主（图 3-2-3），以校门、办公楼或教学楼为轴线，大门外使用常绿花灌木形成活泼而开朗的门景，两侧花墙用藤本植物进行配置。在学校四周围墙处，选用常绿乔灌木自然式带状布置，或以速生树种形成校园外围林带。大门外面的绿化要与街景一致，但又要体现学校特色。大门内在轴线上布置广场、花坛、水池、喷泉、雕塑和主干道。轴线两侧对称布置装饰或休憩绿地。在开阔的草地上种植树丛，点缀花灌木，自然活泼；或植草坪及整形修剪的绿篱、花灌木，低矮开朗，富有图案装饰效果。在主干道两侧种植高大、挺拔的行道树，外侧适当种植绿篱、花灌木，形成开阔的林荫大道。

2. 教学科研区绿化

教学科研区绿地主要满足全校师生教学、科研的需要，提供安静优美的环境，也为学生创造进行课间活动的绿色室外空间。教学科研主楼前的广场设计，以大面积铺装为主（图3-2-4），结合花坛、草坪，布置喷泉、雕塑、花架、园灯等园林小品，体现简洁、开阔的景观特色（有的学校主广场就是校前区的一部分）。

图 3-2-3　校前区绿化　　　　　图 3-2-4　教学楼前的广场

教学楼周围的基础绿带，在不影响楼内通风采光的条件下，多种植落叶乔灌木。为满足学生休息、集会、交流等活动的需要，教学楼之间的广场空间应注意体现其开放性、综合性的特点，并具有良好的尺度和景观，即以乔木为主，花灌木点缀。绿地平面布局上要注意其图案构成和线型设计，以丰富的植物及色彩，形成适合师生在楼上俯视的画面，立面要与建筑主体相协调，并衬托美化建筑，使绿地成为该区空间的休闲主体和景观的重要组成部分。

实验楼的绿化同教学楼，还要根据不同实验室的特殊要求，在选择树种时，综合考虑防火、防爆及空气洁净程度等因素。

大礼堂是集会的场所，正面入口前设置集散广场（图3-2-5），绿化同校前区，空间较小，内容相应简单。礼堂周围的基础栽植以绿篱和装饰树种为主。礼堂外围可根据道路和场地大小，布置草坪、树林或花坛，以便人流集散。

图书馆是图书资料的贮藏之处，为师生教学、科研活动服务，也是学校标志性建筑，绿化以草坪、树林或花坛为主，营造出安静雅致的读书氛围（图3-2-6）。

图 3-2-5　大礼堂绿化设计

图 3-2-6　图书馆绿化

3. 生活区绿化

为方便师生学习、工作和生活，校园内设置有生活区和各种服务设施，该区是丰富多彩、生动活泼的区域。生活区绿化应以校园绿化基调为前提，根据场地大小，兼顾交通、休息、活动、观赏诸功能，因地制宜进行设计。食堂、浴室、商店、银行、邮局前要留有一定的交通集散及活动场地，周围可留基础绿带，种植花草树木，活动场地中心或周边可设置花坛或种植庭荫树。

学生宿舍区绿化可根据楼间距大小，结合楼前道路进行设计。楼间距较小时，在楼梯口之间只进行基础栽植或硬化铺装。场地较大时，可结合行道树，形成封闭式的观赏性绿地（图 3-2-7），或布置成庭院式休闲性绿地（图 3-2-8），铺装地面，并设花坛、花架、基础绿带和庭荫树池，形成良好的学习、休闲场地。

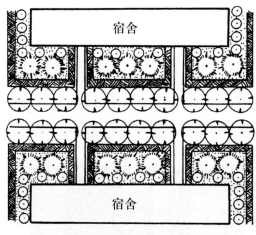
图 3-2-7　学生宿舍区封闭式绿化

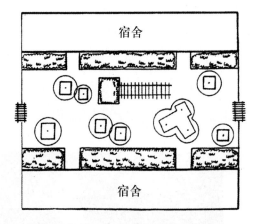
图 3-2-8　学生宿舍区庭院式绿化

后勤服务区绿化同生活区，还要根据水、电、热力及各种气体动力站、仓库、维修车间等管线和设施的特殊要求，在选择树种时，综合考虑防火、防爆等因素。

4. 体育活动区绿化

体育活动区在场地四周栽植高大乔木（图3-2-9），下层配置耐荫的花灌木，形成一定层次和密度的绿荫，能有效地遮挡夏季阳光的照射和冬季寒风的侵袭，减弱噪声对外界的干扰。

图3-2-9　体育活动区周边绿化

为保证运动员及其他人员的安全，运动场四周可设围栏。在适当处设置座凳，供人们观看比赛。设座凳处可植乔木遮阳。

室外运动场的绿化不能影响体育活动和比赛，以及观众的通视，应严格按照体育场地及设施的有关规范进行。

体育馆建筑周围应因地制宜地进行基础绿带绿化。

5. 道路绿化

校园道路两侧行道树应以落叶乔木为主，构成道路绿地的主体和骨架，浓荫覆盖，有利于师生们的工作、学习和生活。在行道树外侧植草坪或点缀花灌木，形成色彩、层次丰富的道路侧旁景观。

6. 休息游览绿地

在校园的重要地段设置花园式或游园式绿地（图3-2-10），供师生休息、观赏、游览和读书。另外，校园中的花圃、苗圃、气象观测站等科学实验园地，以及植物

图3-2-10　休息游览绿地

园、树木园也可以园林形式布置成休息游览绿地。

　　休息游览绿地设计的构图形式、内容及设施，要根据场地地形地势、周围道路、建筑等环境，综合考虑，因地制宜地进行。

能力培养

一、学校绿地设计训练
——以浙江某学院新校区绿地设计为例

1. 任务分析

　　浙江某学院的迁扩建工程位于杭州市富阳区西侧的富阳区高教园内（图 3-2-11）。建设地块东、南均临农田，西临茶山，北邻山体，土地总面积 285.98 亩。基地整体呈南北向狭长的长方形，地形也由南向北依次升高。学校新校区设计主要应考虑设施完善、功能齐全且能满足对外培训的要求，以便更好地为行业培养技能型人

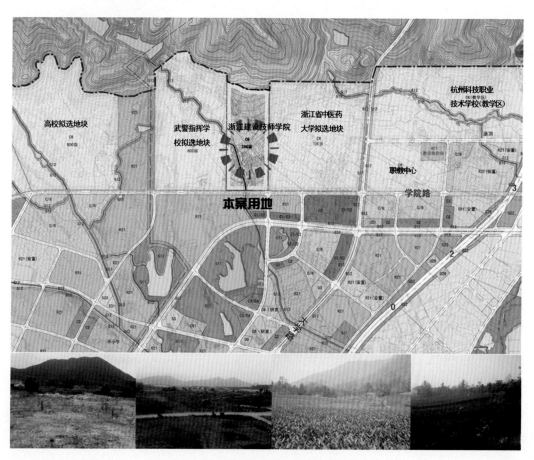

图 3-2-11　学校区位图

才，服务社会。

2. 设计原则分析

根据以上项目分析，本案的设计原则可归纳为以下几点：

（1）功能

根据用地现状和本校教学、科研特点，合理布局，校园环境设计反映师生生活。

（2）协调

注重秉承生态设计理念，融入校园文化，美化景观设计，从而实现三者在校园环境设计中的和谐统一。

（3）景观

设计延续地方文脉，体现学校特色和文化内涵，强化环境育人的人文气息和富有特色的校园景观。

3. 元素提取与设计理念

（1）元素提取

在中国古代木结构建筑中，建筑的平面投影为矩形。无论是抬梁式架构，还是穿斗式架构，都具有方格状的立柱构造，这是中国古代木结构建筑的一大特点，也是传统房屋面积度量的一个基本依据。如图 3-2-12 所示，明清大木大式构架是中国古代建筑木构架的主要形式。这种构架的特点是在柱顶或柱网的水平铺作层上，沿房屋进深方向架数层叠架的梁，梁逐层缩短，层间垫短柱或木块，最上层梁中间立小柱或三角撑，形成三角形屋架。相邻屋架间，在各层梁的两端和最上层梁中间小柱上架檩，檩间架椽，构成双坡顶房屋的空间骨架。房屋的屋面重量通过椽、檩、梁、柱向下传到基础（有铺作时，通过它传到柱上）。

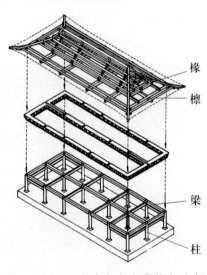

图 3-2-12　明清大木大式构架分解

在现代建筑设计中，承重结构柱子在平面排列时形成的网格称为柱网（图 3-2-13）。现代工业建筑常采用单元化设计，柱网则被设计成标准单元。

在西方，德国包豪斯设计学院（图 3-2-14）所提倡和实践以几何造型为主的工业化设计风格，被视为现代主义设计的经典风格。包豪斯在设计中强调抽象的几何图形，认为"立方体就是上帝"，在设计中普遍运用几何造型。

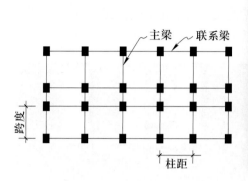

图 3-2-13 建筑柱网

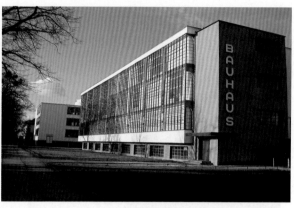

图 3-2-14 包豪斯设计学院校舍

（2）设计理念

本案借用方形作为设计的基本元素（图 3-2-15），既体现了学校教育以基础为根本的特点，也体现了现代主义设计的经典美学。此外，这样的元素也同该学院"双元制"的办学特色相吻合。

4. 整体布局

本案基地整体呈南北向狭长的长方形，地形也由南向北依次升高，因此将校园内的三个主要功能区（教学区、生活区与运动活动区）以倒品字形排布，结合步行中轴线及整体地形

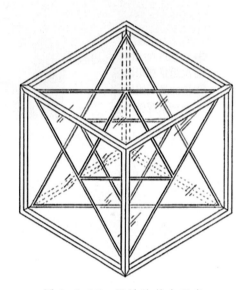

图 3-2-15 设计的基本元素

的高低落差，使得各个功能区之间能够便捷到达，在互不影响的同时也拥有各自的独立性，互不干扰（图 3-2-16）。

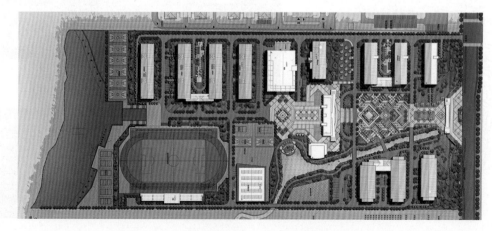

图 3-2-16 总体规划图

本案在景观结构上，整体分为以下三个景观组团：在中心轴区域形成 3 块中心景观组团，教学实训区域形成 8 块次级景观组团，生活区域形成 3 大块楼间组团（图 3-2-17）。

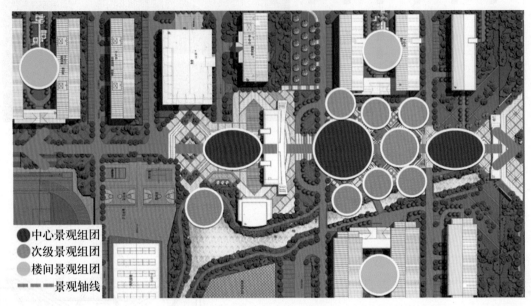

图 3-2-17　景观结构规划图

5. 分项设计

（1）入口绿地设计

学校入口以建筑柱网作为基本的设计元素，以横竖交错的铺装表现梁柱关系，结合起伏错落的模纹花坛，是方形元素在整体景观中最基本的应用。步入大门方形铺装上设置学校标志的浮雕，体现学校的文化特色。两侧辅以树阵，在视觉上呈现整齐的轴线关系，增加了入口的气势。在入口伊始就让人将视线集中在景观主轴线上，增加入口的导向性（图 3-2-18，图 3-2-19）。

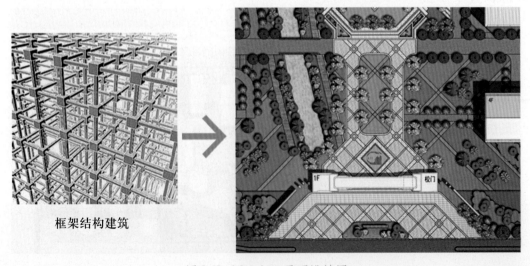

框架结构建筑

图 3-2-18　入口平面设计图

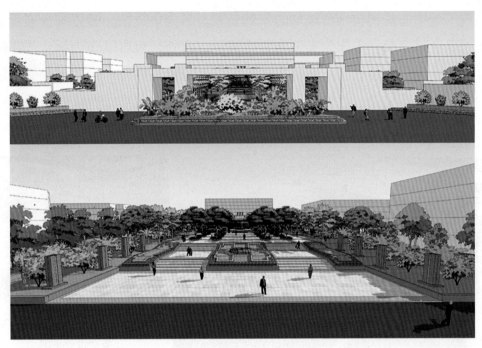

图 3-2-19 入口效果图

（2）教学区绿地设计

教学区的整体设计以楼梯的剖面形式作为灵感，与整体设计思路中结合建筑元素的理念相吻合，体现了现代工业设计的独特美学。此外，景观广场连接教学楼与实训楼，楼梯的造型象征着学生们在追求知识的道路上步步登高（图 3-2-20）。

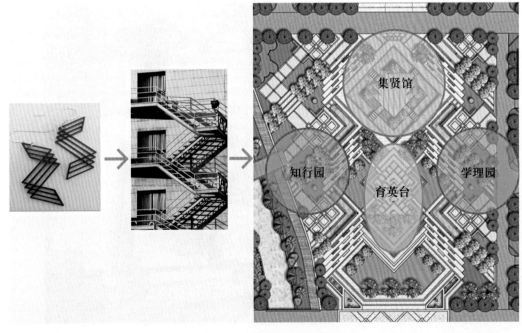

图 3-2-20 教学区设计平面图

景观广场中心是钢构结合玻璃的景观装置，名为集贤馆。装置本身展示的木构件组成可以在日常教学中作为实例向学生展示，此外，也可以作为学生作品的展示区。设计上，用现代设计手法展现木建筑所蕴含的传统精神，运用钢构架的形式再现了传统的木结构构架，在外侧建造玻璃外壳，使得建筑结构得以清晰地展示出来（图3-2-21）。

集贤馆效果图

图 3-2-21   教学区效果图

（3）生活区绿地设计

该区为学生生活、活动的区域，主要包括宿舍、学生食堂、浴室、商店等生活服务设施。本案生活区在各个服务设施前留有一定的交通集散及活动场地，周围绿化既要方便倾倒各种生活垃圾，又要适当加以隐蔽。设计时配置树丛和景墙，使环境相对优化（图3-2-22）。

图 3-2-22   生活区效果图

（4）休闲区景观设计

　　为了丰富景观类型，在活动广场西侧设计了亲水空间——水月观景台。根据高差变化设计出不同层次的亲水、观水场地，利用景墙、凉亭增加竖向变化。凉亭、亲水平台提供了休憩的场所（图 3-2-23）。

图 3-2-23　休闲区设计图

二、园林设计模型制作训练
——以广东某学院宿舍内庭园林设计模型制作为例

　　园林设计模型制作是园林设计的表现手段之一，使同学们在理论知识学习的同时增强基本技能训练，提高动手能力，开拓设计思路，并将学到的理论知识通过实践进行融化。

1. 任务分析

　　广东某学院学生宿舍 8 号楼为一栋 U 形八层建筑（图 3-2-24），布置了 240 间宿舍，可入住学生 1 400～1 500 人。内庭为一块长 30 m、宽 25 m 的长方形平

图 3-2-24　现状照片

地。根据校园总体规划，拟将该宿舍楼内庭建设成为一个供学生散步、休息、交流的园林绿地，为学生提供优美温馨的起居环境。

本次任务是先分组（5~8人/组）完成内庭的平面设计图（图3-2-25），然后依图进行园林模型制作。

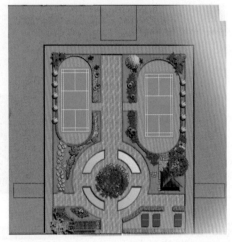

图3-2-25 各组设计平面图（样例）

2. **制作步骤**

（1）准备工作

🍃熟悉本次教学模型制作的内容和范围。

🍃确定教学模型的大小、比例。

🍃购置制作教学模型所需的材料（PVC板、502胶水、白乳胶、海绵、刻刀、树干、树粉、玻璃纸、竹筷、牙签等）。

（2）主体建筑制作

🍃按图纸上的比例在PVC板上用铅笔画出学生宿舍楼窗、门所在的位置，用刻刀抠出门窗（图3-2-26）。

图3-2-26 用刻刀抠出门窗

组装学生宿舍楼：将抠好门窗的 PVC 板按建筑形体进行拼装，确定后用 502 胶水粘稳固定（图 3-2-27）。

图 3-2-27　组装学生宿舍楼

（3）制作树、园林建筑与小品

用白乳胶、树干和树粉按比例制作树（图 3-2-28），用海绵制作绿篱。

图 3-2-28　制作树

用竹筷、牙签等按比例制作亭、花架、园凳等园林建筑与小品（图 3-2-29）。

图 3-2-29　制作园林建筑与小品

（4）预设电路，然后贴材质

🌿 在泡沫板底座上根据灯光设计所示的位置预设电路。

🌿 按图纸用铅笔画出铺装的范围，然后裁剪铺装纸并贴至相应的范围线内（图3-2-30）。

图3-2-30　裁剪铺装纸并贴至相应的范围线内

🌿 按图纸用铅笔画出草地的范围，然后裁剪草皮纸并贴至相应的范围线内（图3-2-31）。

图3-2-31　裁剪草皮纸并贴至相应的范围线内

（5）园林建筑与小品的安装

将制作好的亭、花架、园凳等园林建筑与小品按图纸所示位置放好，定位后用白乳胶粘稳固定（图3-2-32）。

图3-2-32　园林建筑与小品的安装

（6）植物配置、调整和局部修改

将制作好的乔灌木和绿篱按图纸所示位置放好，定位后用白乳胶粘稳固定（图 3-2-33）。

图 3-2-33　植物配置

（7）灯具布置

根据灯光设计选择合适的灯具进行布置（图 3-2-34）。

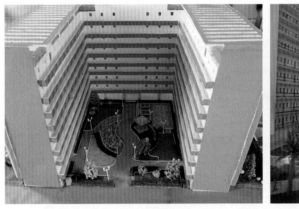

图 3-2-34　灯具布置

（8）成品

将各组完成的成品进行集中比较、讲评（图 3-2-35）。

图 3-2-35　成品示例

课后练习 ✍

学校绿地设计：下面为某中职学校的现状图（图 3-2-36），图纸比例为 1 ： 500。根据已经学习的校园绿地设计的相关知识，针对该校园的行政区现状示意图（图 3-2-37）及现状图（图 3-2-38）进行绿化设计，比例为 1 ： 500。有条件的学校可组织学生进行相应的园林设计模型制作。

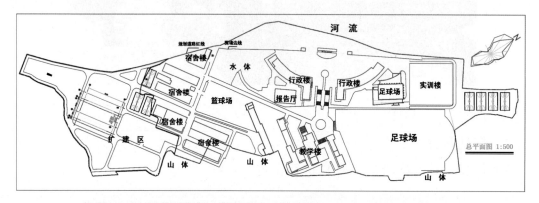

图 3-2-36　校园现状图

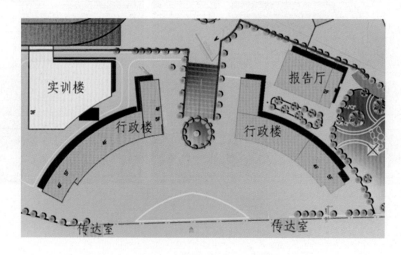

图 3-2-37　校园行政区现状示意图

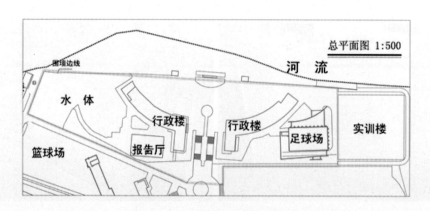

图 3-2-38　校园行政区现状图

1. 项目概况

本案校园场地位于两座山之间，校园门前有条河流穿过，受地势影响，校园整体呈上升式布局。本校园整体占地 117 139 m²（约 175.71 亩），总建筑面积为 100 000 m²，学校已建建筑面积为 49 300 m²，规划建筑面积为 50 700 m²。其中，容积率为 0.854，建筑密度为 23.6%，绿地率为 35%。

学校的行政楼位于大门入口，两组呈半圆环状。在两座行政楼之间，设计了一条规则式的跌水，从上至下，汇入圆形水池中。请结合校园绿地设计的相关知识，进行本案行政区（图 3-2-38 黄线范围内区域）的绿化升级方案设计。

2. 内容要求

根据已给的资料及相关平面图，对行政区的绿地进行设计，具体要求如下：

（1）整体方案设计应符合校园绿地的设计原则。

（2）植物品种的选择适宜校园绿化的基本要求，符合校园行政区绿地的设计要求。

（3）图纸绘制规范，完成校园行政区绿地设计 CAD 平面图 1 张。

（4）注重图面效果，完成校园行政区绿地设计 PS 彩色平面图 1 张。

任务完成后，同学们需填写本任务的设计评价内容（表 3-2-1）和个人学习反馈内容（表 3-2-2）。

表 3-2-1　某校园行政区绿地方案设计评价表

项目组长及责任					
成员及角色分工					
评价类型	职业能力		组内自评	组间互评	教师点评
过程性评价（70%）	专业能力	植配能力（40%）			
		绘图能力（10%）			
	社会能力	工作态度（10%）			
		分工合作（10%）			
终结性评价（30%）	作品的合理性（10%）				
	作品的规范性（10%）				
	作品的完成性（10%）				
总评分	各项评分				
	总评分				
总结评价					

表 3-2-2   本教学项目中的个人学习反馈表

序号	反馈内容	反馈要点	反馈结果			
			优	良	中	差
1	知识与技能	是否明确本任务的学习目标				
		能否说出校园绿地的基本分区及作用				
		能否利用专业术语阐述相关案例的设计原则				
		能否列举出常用的校园绿化植物种类				
		是否掌握行政区、教学区、体艺区等设计要点				
2	过程与方法	能否利用多种信息源（二维码、互联网等）自主学习、查阅相关案例				
		能否通过分组合作完成本项目中的各个任务				
		能否运用本任务相关知识去调查当地中职校园绿地中常用的植物景观				
3	情感、态度和价值观	是否喜欢这种完成任务的方式				
		对自己在本任务中的表现是否满意				
		对本小组成员之间的团队合作是否满意				

请阐述自己在本教学项目中的心得体会：

任务 3.3　医疗机构绿地设计

任务目标

知识：1. 理解医疗机构绿地的设计原则。
　　　2. 掌握医疗机构绿地的设计内容及要求。
技能：1. 能够分析医疗机构绿地的布局特点。
　　　2. 会设计医疗机构绿地。

知识学习

一、医疗机构的类型

1. 综合性医疗机构

该类医疗机构一般设有内、外科等各科的门诊部和住院部，医疗门类较齐全，可治疗各种疾病（图 3-3-1）。

2. 专科医疗机构

这类医疗机构是设某一科或几个相关科的医疗机构，医疗门类较单一，专治某种或几种疾病，如心血管医院（图 3-3-2）、妇产医院、儿童医院、口腔医院、结核病医院、传染病医院和精神病医院等。传染病医院及需要隔离的医院一般设在城市郊区。

3. 小型卫生院、所

小型卫生院、所是指设有内、外科等各科门诊的卫生院、卫生所和诊所。

4. 休（疗）养院

休（疗）养院是指用于恢复工作疲劳，增进身心健康，预防疾病或治疗各种慢性病的休养院、疗养院。

图 3-3-1　广州南方医院

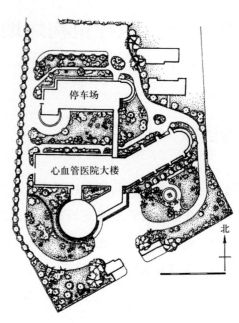

图 3-3-2　深圳孙逸仙心血管医院绿化设计
平面图

二、医疗机构绿地的设计原则

1. 一致性

医疗机构绿地应与医疗机构的建筑布局相一致，除建筑之间应设一定的绿化空间外，还应在院内，特别是住院部留有较大的绿化空间，建筑与绿化布局紧凑，方便病人治病和检查身体。

2. 识别性

建筑前后绿化不宜过于闭塞，病房、诊室都要便于识别。

3. 功能性

医疗机构绿地的功能可分为物理作用和心理作用。

绿地的物理作用是指通过调节气候、净化空气、减弱噪声、防风防尘、抑菌杀菌等，调节环境的物理性质，使环境处于良性的、宜人的状态。树种选择以常绿树为主，可选用松树、柠檬树，以及悬铃木、桧柏、白皮松、杉木、侧柏，还有臭椿、樟树、雪松等杀菌力强的树种及红豆杉、槐树、香椿、桂花等药用类经济树种。

绿地的心理作用则是指病人处在绿地环境中，其对感官的刺激所产生的宁静、安逸、愉悦等良好的心理反应和效果。

通常全院绿化面积占总用地面积的 70% 以上，才能为患者创造舒适、清洁、优美的医疗环境。

三、医疗机构绿地的设计内容及要求

1. 综合性医疗机构绿地

（1）门诊部绿化设计

门诊部靠近医疗机构主要出入口，与城市街道相临，是城市街道与医疗机构的接合部，人流比较集中，在大门内外、门诊楼前要留出一定的交通缓冲地带和集散广场，在不影响人流、车辆交通的条件下，广场可设置装饰性花坛、花台和草坪，有条件的还可设置水池、喷泉和主题雕塑等，形成开朗、明快的格调（图3-3-3）。广场周围可栽植整形绿篱、草坪、花灌木，节日期间，也可用一、二年生花卉做重点美化装饰，或结合停车场栽植高大遮阳乔木。医疗机构大门至门诊楼之间的空间组织和绿化，不仅起到卫生防护隔离作用，还有衬托、美化门诊楼和市容街景作用，体现医疗机构的精神面貌、管理水平和城市文明程度。因此，根据医疗机构条件和场地大小，因地制宜地进行绿化设计，以美化装饰为主。

图 3-3-3 广州珠江医院门诊部
绿化设计效果图

医疗机构的临街围墙以通透式为主，使医疗机构内外绿地交相辉映，围墙与大门形式协调一致，宜简洁、美观、大方，色调淡雅。若空间有限，围墙内可结合广场周边作条带状基础栽植。

门诊楼建筑周围的基础绿带，绿化风格应与建筑风格协调一致，美化衬托建筑形象。门诊楼前绿化应以草坪、绿篱及低矮的花灌木为主，乔木应在距建筑 5 m 以外栽植，以免影响室内通风、采光及日照。门诊楼后常因建设物遮挡，形成阴面，光照不足，要注意选择配置耐荫植物，保证良好的绿化效果，如天目琼花、金丝桃、珍珠梅、金银木、绣线菊、海桐、大叶黄杨、丁香等，以及玉簪、紫萼、书带草、麦冬、白三叶、冷绿型混播草坪等宿根花卉和草坪。

（2）住院部绿化设计

住院部常位于门诊部后面、医疗机构中部较安静地段。住院部庭院要精心布置，根据场地大小、地形地势、周围环境等情况，确定绿地形式和内容，结合道路、建筑进行绿化设计，创造安静优美的环境，供病人室外活动及疗养。

住院部周围小型场地在绿化布局时，一般采用规划式构图，绿地中设置整形广场，广场内以花坛、水池、喷泉、雕塑等作中心景观，周边放置座椅、桌凳、亭

廊、花架等休息设施。广场、小径尽量平缓,采用无障碍设计,硬质铺装,以利病人出行活动。绿地种植草坪、绿篱、花灌木及少量遮阳乔木(图3-3-4)。这种小型场地,环境清洁优美,可供病人休息、赏景、活动兼作日光浴场,也是亲属探视病人的室外接待处。住院部周围有较大面积的绿化场地时,可采用自然式的布局手法,利用原地形和水体,稍加改造成平地或微起伏的缓坡岗阜和蜿蜒曲折的湖池、园路,点缀园林建筑小品,配置花草树木,形成优美的自然式庭院(图3-3-5)。

图3-3-4　广州二沙岛中医院住院部　　　　图3-3-5　广州二沙岛中医院住院部
小型休息绿地——规则式　　　　　　　大型休息绿地——自然式

　　有时,根据医疗需要,在较大的绿地中布置一些辅助医疗地段,如日光浴场、空气浴场、树林氧吧、体育活动场所等,以树丛、树群相对隔离,形成相对独立的林中空间,场地以草坪为主,或做嵌草砖地面。场地内适当位置设置座椅、凳、花架等休息设施。为避免交叉感染,应为普通病人和传染病人设置不同的活动绿地,并在绿地之间栽植一定宽度的以常绿及杀菌力强的树种为主的隔离带。

　　一般病房与传染病房也要留有30 m的空间地段,并以植物进行隔离。

　　总之,住院部植物配置要有丰富的色彩和明显的季相变化,使长期住院的病人能感受到自然界季节的交替,调节情绪,提高疗效。

　　(3)其他区域绿化设计

　　其他区域包括辅助医疗的药库、制剂室、解剖室、太平间,以及总务部门的食堂、浴室、洗衣房及宿舍区。该区域往往位于医疗机构后部,单独设置,绿化要强化隔离作用。太平间、解剖室应单独设置出入口,并处于病人视野之外,周围用常绿乔灌木密植隔离。手术室、化验室、放射科周围绿化应防止西晒,保证通风采光,不能植有绒毛飞絮的植物。总务部门的食堂、浴池及宿舍区也要和住院区有一定距离,用植物相对隔离,为医务人员创造一定的休息、活动环境(图3-3-6)。

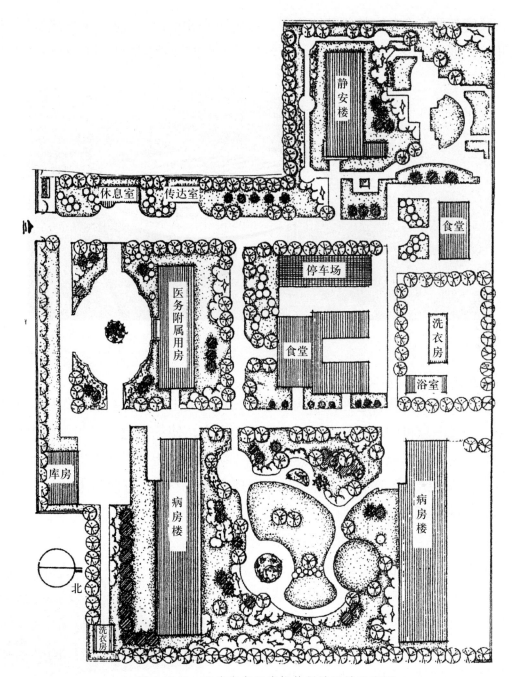

图 3-3-6　天津安宁医疗机构绿地设计平面图

2. 专科医疗机构绿地

（1）儿童医院绿化

儿童医院主要收治 14 岁以下的儿童患者。其绿地除具有综合性医疗机构的功能外，还要考虑儿童的一些特点。如绿篱高度不超过 80 cm，以免阻挡儿童视线，绿地中适当设置儿童活动场地和游戏设施。在植物选择上，注意色彩效果，避免选择对儿童有伤害的植物。

儿童医院绿地中设计的儿童活动场地、设施、装饰图案和园林小品，其形式、色彩、尺度都要符合儿童的心理和需要，富有童心和童趣，要以优美的布局形式和绿化环境，创造活泼、轻松的气氛，减弱病儿对医院和疾病的心理压力（图3-3-7）。

图 3-3-7　某儿童医院绿地设计效果图

（2）传染病医院绿化

传染病医院收治各种急性传染病的患者，更应突出绿地防护隔离作用。防护林带要宽于一般医疗机构，同时常绿树的比例要更大，使冬季也具有防护作用。不同病区之间也要相互隔离，避免交叉感染。由于病人活动能力小，以散步、下棋、聊天为主，各病区绿地不宜太大，休息场地距离病房近一些，方便利用。

（3）精神病医院绿化

精神病医院主要接受有精神疾病的患者，由于艳丽的色彩容易使病人精神兴奋，神经中枢失控，不利于治病和康复，因此，精神病医院绿地设计应突出"宁静"的气氛，以白色、绿色调为主，多种植乔木和常绿树（图3-3-8），少种花灌木，并选种如白丁香、白碧桃、白月季、白牡丹等白色花灌木。在病房区周围面积较大的绿地中，可布置休息庭园，让病人在此感受阳光、空气和自然气息。

图 3-3-8　东莞某精神病医院绿地

3. 疗养院绿地

疗养院是具有特殊治疗效果的医疗保健机构，主要治疗各类慢性病，疗养期一般较长，多为一个月至半年。

疗养院具有休息和医疗保健双重作用，多设于环境优美、空气新鲜，并有一些特殊治疗条件（如温泉）的地段，有的单独设置，有的疗养院就设在风景

区中，如武汉职工疗养院（图 3-3-9）坐落
在武汉市蔡甸区美丽的知音湖度假区，距武
汉市中心 16 km，交通十分方便。该疗养院
占地 160 亩，嬉水水面积 200 亩，建筑面积
20 000 m²，绿化覆盖率达 80% 以上。

图 3-3-9　武汉职工疗养院

疗养院的疗养方式是以自然因素为主，如
气候疗法（日光浴、空气浴、海水浴、沙浴
等）、矿泉疗法、泥疗、理疗，与中医相配合。
因此，在进行环境和绿化设计时，应结合各种疗养法如日光浴、空气浴、森林浴，
布置相应的场地和设施，并与环境相融合。

疗养院与综合性医疗机构相比，一般规模与面积较大，尤其有较大的绿化区，
因此更应发挥绿地的功能作用，院内不同功能区应以绿化带加以隔离。疗养院内树
木花草的布置要衬托美化建筑，使建筑内阳光充足，通风良好，并防止西晒，留有
风景透视线，以供病人在室内远眺观景。为了保持安静，在建筑附近不应种植如毛
白杨等树叶声响大的树木。对疗养院内的露天运动场地、舞场、电影场等设施周围
也要进行绿化，形成整洁、美观、大方、安详、清新的环境。疗养院内绿化在不妨
碍卫生防护和疗养人员活动要求的前提下，注意结合生产，开辟苗圃、花圃、菜
地、果园，让疗养病人参加适当的劳动，即园艺疗法。

能力培养

医疗机构绿地设计训练
——以广州市某中西医结合医院绿地设计方案为例

1. 项目概况

本项目位于广州市花都区新华镇，迎宾大道与公益路交界。北面是花都档案
馆，南面是百业广场，西面是居住用地，东面是花都区人民政府。项目所在地交通
非常便捷（图 3-3-10）。本项目建设主要是针对医院内部使用。

2. 设计理念

中草药作为中华文化的精髓，具有博大精深的文化内涵。该医院是广州北部地
区唯一的三级甲等中西医结合医院，因此，怎么将中医药文化与医院环境结合是本
案设计的重点。本设计方案试图以园林艺术的语言来诠释"中草药景观""健康花

图 3-3-10   位置示意图

园"，将两者完美结合。

3. 总体设计

依照这一设计理念，本案定为现代中式景观设计风格。以"传承中医文脉，品位雅致庭院"为设计主题，在体现中医文化内涵的基础上设计现代中医院的庭院景观（图 3-3-11，图 3-3-12）。

➊ 主入口水景	➏ 中式连廊	⓫ 中医药主题雕塑	⓰ 摩托车，自行车停放处（面积992 m²）
➋ 下沉广场	➐ 特色水池	⓬ 中医药主题景墙	⓱ 休闲座椅
➌ 休闲花架	➑ 树阵广场	⓭ 中式门洞	⓲ 阳光草坪
➍ 生态活动广场	➒ 名医雕塑	⓮ 中草药种植园	⓳ 健康步道
➎ 林荫广场	➓ 中医药主题铺装	⓯ 康乐活动广场	⓴ 中医药文化展示墙
			㉑ 次入口特色铺装

图 3-3-11   绿化设计总平面图

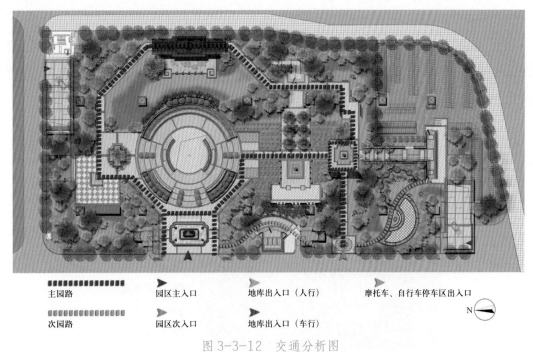

图 3-3-12 交通分析图

4. 分区设计

在本案例中，根据出入口位置及绿地使用功能的需要，将全部绿地范围共分为四个区：休闲活动区，中医药文化区，康乐健身区和摩托车、自行车停车区（图 3-3-13）。

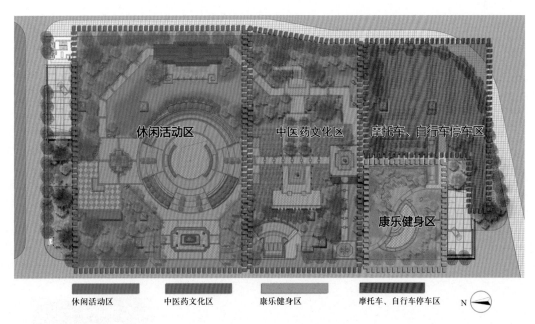

图 3-3-13 分区设计图

（1）休闲活动区

该区为医患人员及家属营造一个舒适美观的休闲活动空间（图3-3-14），含主要出入口水景、中心下沉广场、休闲花架、生态活动广场、林荫广场、中式连廊及特色水池、阳光草坪和健身步道。

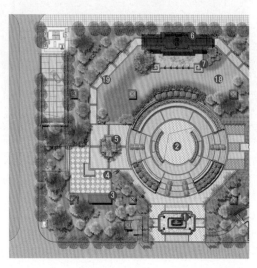

❶ 主入口水景

❷ 下沉广场

❸ 休闲花架

❹ 生态活动广场

❺ 林荫广场

❻ 中式连廊

❼ 特色水池

⑱ 阳光草坪

⑲ 健身步道

图3-3-14　休闲活动区设计平面图

主要出入口（图3-3-15，图3-3-16），既要满足人流聚散的功能，又要独自成景，作为门面给出入的人们留下独特印象。

图3-3-15　休闲活动区主要出入口效果图

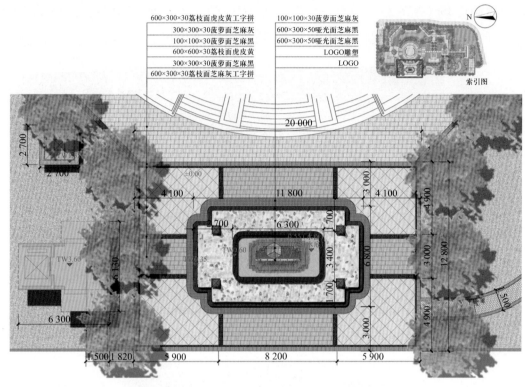

600×300×30荔枝面虎皮黄工字拼
300×300×30菠萝面芝麻灰
100×100×30菠萝面芝麻黑
600×600×30荔枝面虎皮黄
300×300×30菠萝面芝麻黑
600×300×30荔枝面芝麻灰工字拼

100×100×30菠萝面芝麻灰
600×300×50哑光面芝麻黑
600×300×50哑光面芝麻黑
LOGO雕塑
LOGO

图 3-3-16 休闲活动区主要出入口设计平面图（单位：mm）

作为休闲区，离不开休闲活动广场，如中心下沉广场（图 3-3-17）、生态活动

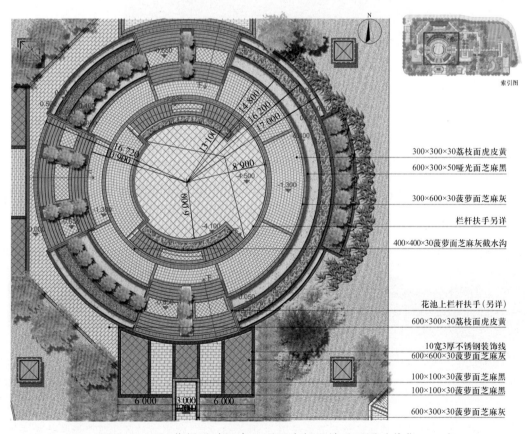

300×300×30荔枝面虎皮黄
600×300×50哑光面芝麻黑
300×600×30菠萝面芝麻灰
栏杆扶手另详
400×400×30菠萝面芝麻灰截水沟

花池上栏杆扶手（另详）
600×300×30荔枝面虎皮黄
10宽3厚不锈钢装饰线
600×600×30菠萝面芝麻灰
100×100×30菠萝面芝麻黑
100×100×30菠萝面芝麻黑
600×300×30菠萝面芝麻灰

图 3-3-17 休闲活动区中心下沉广场设计平面图（单位：mm）

广场和林荫广场（图3-3-18，图3-3-19），绿树成荫，设花架和树池，提供林下活动空间，可以使人们在树下聊天、散步，周边则是充满生机的景观，让人心旷神怡。

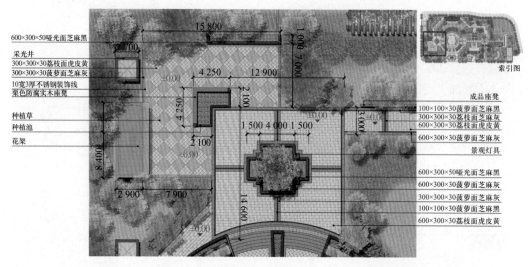

图 3-3-18　休闲活动区生态活动广场和林荫广场设计平面图（单位：mm）

图 3-3-19　休闲活动区生态活动广场设计效果图

花架（图3-3-20）设计采用钢架、木结构，减低构筑物的自重，结合座凳等休闲设施，为人们提供一个开放式的停留休憩空间。

树池（图3-3-21）结合景观灯，设计为一个实用又美观的整体；活动广场是草坪和硬铺地结合，配上周边的植物种植，共同创造了一个生态活动广场空间。

图 3-3-20　休闲活动区林荫广场花架效果图　　图 3-3-21　休闲活动区林荫广场树池效果图

树、石、池、花绘出自然的灵气，力图以现代理念展现传统园林元素，创造出具有魅力的人性场所。

连廊（图 3-3-22 至图 3-3-24）是划分空间和重要手段，有蔽荫、遮挡的作用，既可以为人们提供休闲的空间，又自成过渡通道。穿过连廊将会为人们展示另一番景象。连廊的水池中，浅浅的水面、游动的小鱼、喷水的雕塑、清香的荷花，都会给患者带来心灵的慰藉。

索引图

图 3-3-22 休闲活动区连廊设计效果图

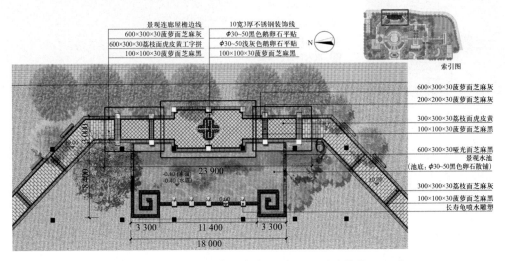

图 3-3-23 休闲活动区连廊设计平面图（单位：mm）

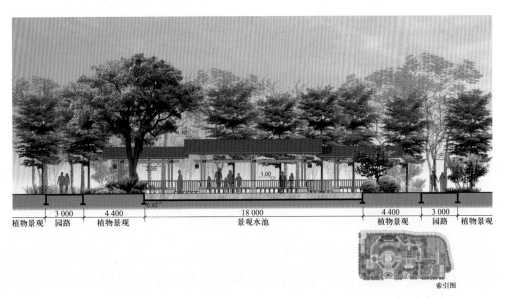

图 3-3-24 休闲活动区连廊设计剖面图（单位：mm）

（2）中医药文化区

中医药文化区的设计应体现在满足绿化美化的同时营造雅致情调，在休闲娱乐的同时传承中医文化。该园通过与中医相关的植物要素与中医名人相关的雕塑及小品，将传统的中医文化渗透到该景观空间（图3-3-25，图3-3-26）。

⑧ 树阵广场
⑨ 名医雕塑
⑩ 中医药主题铺装
⑪ 中医药主题雕塑
⑫ 中医药主题景墙
⑬ 中式门洞
⑭ 中草药特色种植
⑰ 休闲座椅
⑳ 中医药文化展示墙
㉑ 次入口特色铺装

索引图

图 3-3-25　中医药文化区设计平面图　　　图 3-3-26　中医药文化区设计效果图

根据四季变化栽植各种中草药，每种植物配以文字铭牌，说明其药性，价值和生长特性，供人们了解中草药文化知识。

中医药文化区中轴线两侧（图3-3-27），充分展示中医药文化，并与休闲活动区、康乐健身区通廊设计，强烈的轴线引导，让人在品味中医文化之余，也能利用空间进行休闲康复活动。

索引图

图 3-3-27　中医药文化区中轴景观设计效果图

中医药文化区为人们提供足够的活动场所（图3-3-28），人们在树荫下或是静思，或是散步，其乐无穷。也可驻足，品味有关中医药的雕塑及小品（图3-3-29，图3-3-30），观赏中医药主题景墙（图3-3-31，图3-3-32），感受中医文化的魅力。

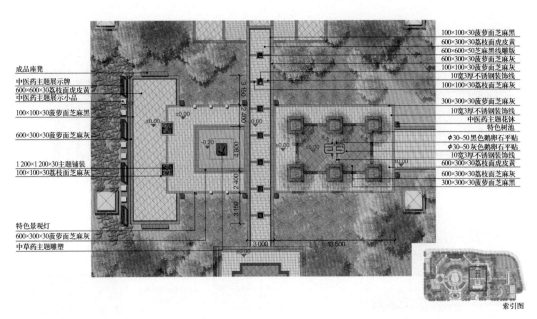

左侧标注（自上而下）：
成品座凳
中医药主题展示牌
600×600×30荔枝面虎皮黄
中医药主题展示小品
100×100×30菠萝面芝麻黑
600×300×30菠萝面芝麻灰
1 200×1 200×30主题铺装
100×100×30荔枝面芝麻灰
特色景观灯
600×300×30菠萝面芝麻灰
中草药主题雕塑

右侧标注（自上而下）：
100×100×30菠萝面芝麻黑
600×300×30荔枝面虎皮黄
600×600×50芝麻黑线雕版
600×300×30菠萝面芝麻灰
100×100×30菠萝面芝麻灰
10宽3厚不锈钢装饰线
100×100×30荔枝面芝麻灰
300×300×30菠萝面芝麻灰
10宽3厚不锈钢装饰线
中医药主题花钵
特色树池
φ30-50黑色鹅卵石平贴
φ30-50灰色鹅卵石平贴
10宽3厚不锈钢装饰线
600×300×30荔枝面虎皮黄
600×300×30荔枝面芝麻灰
300×300×30菠萝面芝麻黑

索引图

图 3-3-28　中医药文化区设计平面图（单位：mm）

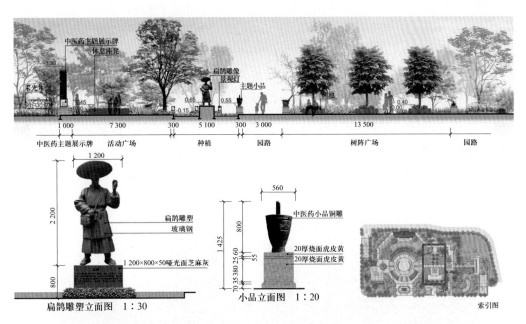

中医药主题展示牌　休息座凳　扁鹊雕像　景观灯　主题小品　树池　采光井

1 000　7 300　300　5 100　300　3 000　13 500

中医药主题展示牌　活动广场　种植　园路　树阵广场　园路

扁鹊雕塑立面图　1∶30
扁鹊雕塑
玻璃钢
1 200×800×50哑光面芝麻灰

小品立面图　1∶20
中医药小品铜雕
20厚烧面虎皮黄
20厚烧面虎皮黄

索引图

图 3-3-29　中医药文化区剖面图及雕塑和小品示意图（单位：mm）

索引图

图 3-3-30　中医药文化区主题雕塑
效果图

索引图

图 3-3-31　中医药文化区主题景墙
设计效果图

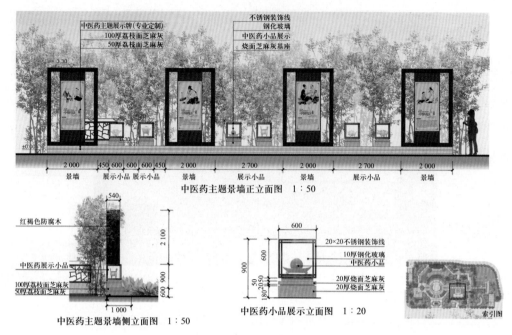

中医药主题展示牌(专业定制)
100厚荔枝面芝麻灰
50厚荔枝面芝麻灰

不锈钢装饰线
钢化玻璃
中医药小品展示
烧面芝麻灰基座

3.30

±0.00

2 000　450 600 600 600 450　2 000　　2 700　　2 000　　2 700　　2 000
景墙　展示小品 展示小品　景墙　展示小品　景墙　展示小品　景墙

中医药主题景墙正立面图 1：50

红褐色防腐木

540

2 100

中医药展示小品

900

100厚荔枝面芝麻灰
50厚荔枝面芝麻灰

600

1 000

中医药主题景墙侧立面图 1：50

600

20×20不锈钢装饰线
10厚钢化玻璃
中医药小品

600

900

50
20
50
180

20厚烧面芝麻灰
20厚烧面芝麻灰

中医药小品展示立面图 1：20

索引图

图 3-3-32 中医药文化区主题景墙立面图（单位：mm）

中医药文化区的树阵广场为人们提供足够的林下休憩活动空间（图 3-3-33），树池设计为人体座凳高度，结合大乔木成行成列设置，可方便病人及其家属安静休息和交流。在树池的贴面材料选择上，也将具有中国传统文化特色的图案反复使用，呼应中医文化的浓厚气息（图 3-3-34）。

索引图

图 3-3-33 中医药文化区树阵景观效果图

图 3-3-34 中医药文化区树池详图（单位：mm）

  该园区内的地面铺砖材料，也为浓郁的中华医药文化气氛锦上添花。将中医经典的故事和常用的中草药知识，通过地面铺砖的形式向人们普及和宣传（图 3-3-35），使人们无时无刻不被熏陶在厚重的中华医药文化氛围之中。

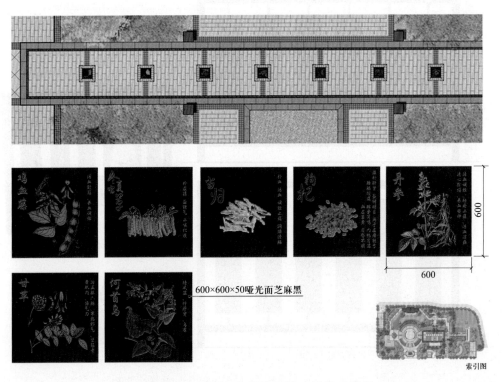

图 3-3-35 中医药文化区地面铺砖图案（单位：mm）

　　中草药种植园名百草园，利用门洞（图3-3-36）、漏窗等小品，加上周边植物的围合，形成幽深意境，并为人们展现一幅立体的中华传统文化画面。

　　景墙、雕塑、小品、铺装以及中草药种植等，作为展示中医药文化的基本要素，让人们在休闲活动中了解一些中医的基本知识。

　　名医李时珍雕塑广场（图3-3-37），作为中医药文化区重要的入口节点，给人强烈的中医文化氛围，地面铭刻李时珍的生平，游园中使人们了解到这位中医伟人的生平。

| 图 3-3-36　百草园中式门洞效果图 | 图 3-3-37　名医李时珍雕塑效果图 |

　　在交通道路两侧，设置中医典故牌，用以展示中医悠久文化历程中动人的励志故事，丰富游人的精神文化生活。介绍中医文化典故的展示牌可以旋转，牌有两面，一面介绍典故的名字，另外一面详细介绍典故的内容（图3-3-38）。

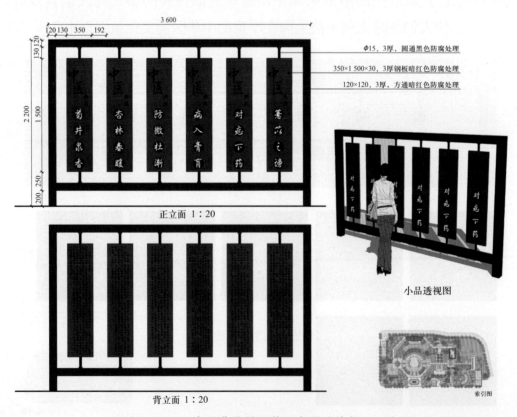

图 3-3-38　中医典故展示牌示意图（单位：mm）

通向该区域的次出入口（图 3-3-39）地面铺砖上加入中式特色造型，与中医药文化区的风格相呼应。

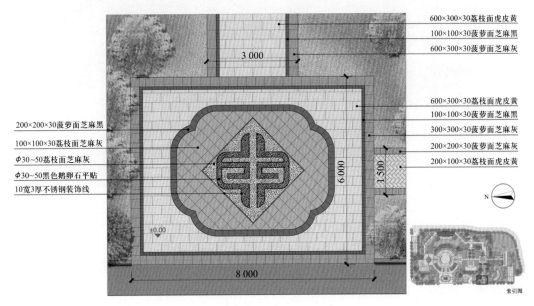

图 3-3-39　次入口平面图

（3）康乐健身区

该区域（图 3-3-40，图 3-3-41）作为辅助病人休息、康复和锻炼的活动区，引入现代感的康乐设施，满足病人的基本康复训练及游人强身健体等需求，使得该园林设计美观与实用并存，更好地满足本项目的功能需求。

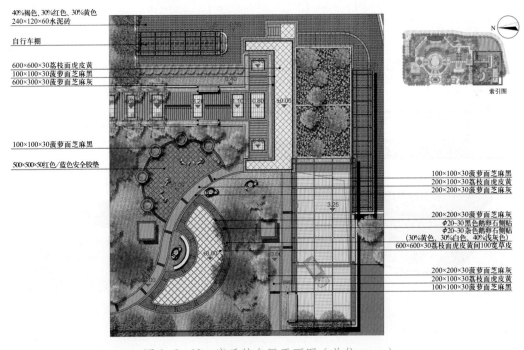

图 3-3-40　康乐健身区平面图（单位：mm）

图 3-3-41　康乐健身区效果图

该区域的休息空间设施，也渗透着养生理念。作为小品的座凳靠背，将按摩功能考虑在内，提醒人们在生活中时时要养生，处处可健身。

（4）摩托车、自行车停车区

该区含地下停车场出入口和地面上的摩托车、自行车棚（图 3-3-42，图 3-3-43）。

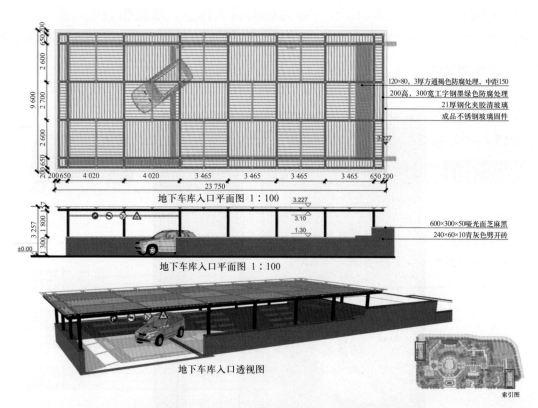

图 3-3-42　地下车库入口示意图（单位：mm）

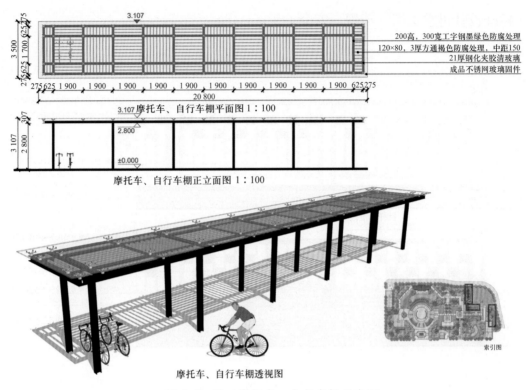

200高，300宽工字钢墨绿色防腐处理
120×80，3厚方通褐色防腐处理，中距150
21厚钢化夹胶清玻璃
成品不锈网玻璃固件

3.107摩托车、自行车棚平面图 1：100

摩托车、自行车棚正立面图 1：100

摩托车、自行车棚透视图

索引图

图 3-3-43　摩托车、自行车棚示意图

5. 部分小品设施和铺砖设计

该园采光井和出入口景观灯的设计也渗透中国传统文化的特殊图案（图3-3-44），全园风格的统一也无时无刻不体现在这些细节之中。

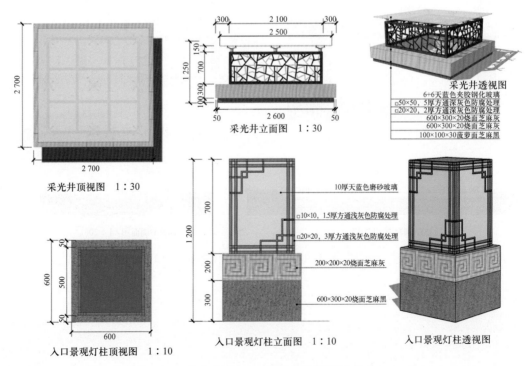

采光井顶视图　1：30

采光井立面图　1：30

采光井透视图
6+6天蓝色夹胶钢化玻璃
□50×50，5厚方通深灰色防腐处理
□20×20，2厚方通深灰色防腐处理
600×300×20烧面芝麻灰
600×300×20烧面芝麻灰
100×100×30菠萝面芝麻黑

入口景观灯柱顶视图　1：10

入口景观灯柱立面图　1：10

10厚天蓝色磨砂玻璃
□10×10，1.5厚方通浅灰色防腐处理
□20×20，3厚方通浅灰色防腐处理
200×200×20烧面芝麻灰
600×300×20烧面芝麻黑

入口景观灯柱透视图

图 3-3-44　采光井和入口景观灯设计图（单位：mm）

栏杆设计讲求实用、美观、安全（图3-3-45）。

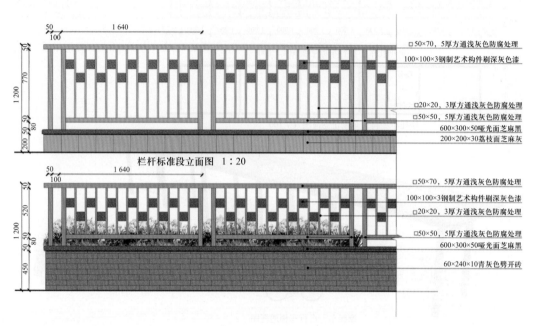

图3-3-45 栏杆设计图（单位：mm）

园路设计以素雅、宁静的风格为主（图3-3-46）。

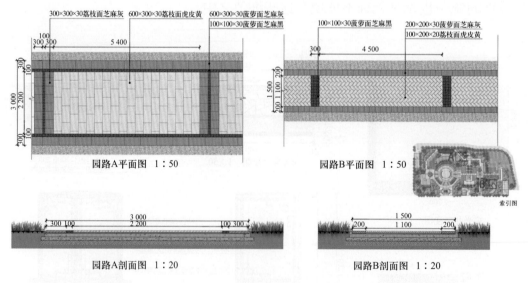

图3-3-46 园路设计图（单位：mm）

该项目全园音响布置在人流可停留和经过之处，适当均衡（图 3-3-47）。

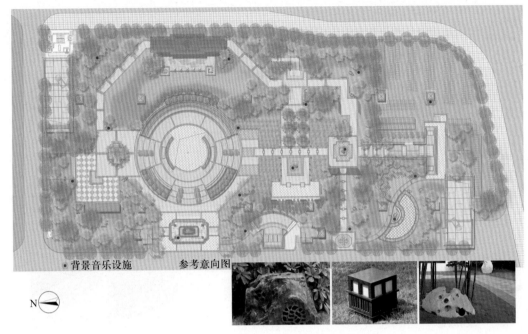

图 3-3-47 全园音响布置及设计意向图

该项目全园灯光分高杆路灯、庭院灯、草坪灯、射树灯、水下射灯和连廊挂灯等。分别结合不同的园林设计要素布置，适当均衡（图 3-3-48）。

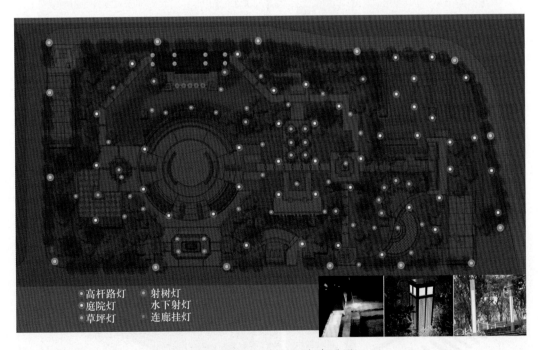

图 3-3-48 全园灯光布置图

该项目全园座凳、椅及康乐设施结合不同的空间布置（图 3-3-49，图 3-3-50）。

图 3-3-49　全园座凳、椅及康乐设施布置、座凳椅设计意向图

图 3-3-50　康乐设施设计意向图

该项目全园垃圾箱布置在人流停留空间，相隔适当距离布置（图 3-3-51）。

图 3-3-51　垃圾箱设计意向图

园内基本设施充分运用典型的中式元素，使风格在保持和谐统一、实用美观的同时，彰显中华文化的动人魅力。

6. 种植设计

除了中医药文化区大量使用药用植物外，其余基础绿化苗木选择本地乡土树种，并避免飞絮、含毒等不利病人康复的树种（图 3-3-52）。

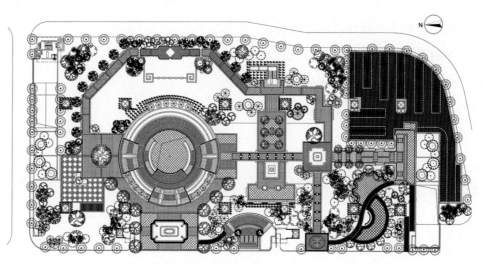

图 3-3-52　绿化配置总平面图

任务 3.4　工矿企业绿地设计

任务目标

知识：1. 理解工矿企业绿地的设计原则。

　　　2. 掌握工矿企业绿地的设计内容及要求。

技能：1. 能够分析工矿企业绿地的布局特点。

　　　2. 会设计小、中型工矿企业绿地。

知识学习

工矿企业绿地以改善小气候、减轻厂内外污染、展示企业形象等功能为主，通过绿地植物的合理搭配，创造卫生、整洁、美观的环境。

一、工矿企业绿地环境条件的特殊性

工矿企业绿地与其他园林绿地相比，环境条件有其相同的一面，也有其特殊的一面。认识工矿企业绿地环境条件的特殊性，有助于正确选择绿化植物，合理进行设计，满足功能和服务对象的需要。

1. 环境恶劣

工矿企业在生产过程中常常排放、逸出各种有害于人体健康和植物生长的气体、粉尘、烟尘和其他物质，空气、水、土壤不同程度地受到污染。虽然人们采取各种环保措施进行治理，但由于经济条件、科学技术和管理水平的限制，污染还不能完全杜绝。另外，工业用地的选择尽量不占耕地良田，加之工程建设及生产过程中材料的堆放和废物的排放，使土壤结构、化学性能和肥力都有所劣化，因而工矿企业绿地的气候、土壤等环境条件，对植物生长发育是不利的。有些污染性大的厂矿土壤条件十分恶劣，这也相应增加了绿化的难度。因此，根据不同类型、不同性质的厂矿企业，慎重选择那些适应性强、抗性强、能耐恶劣环境的花草树木，并采取相应措施加强管理和保护，是工矿企业绿化成功的关键，否则会出现植物死亡、事倍功半，甚至不见效的结果。

2. 用地紧张

工矿企业内建筑密度大，道路、管线及各种设施纵横交错，尤其是城镇中小型工矿企业，绿化用地往往很少。因此，工矿企业绿化要"见缝插绿""找缝插绿""寸土必争"，灵活运用绿化布置手法，争取较多的绿化。如在水泥地上砌台栽花，挖坑植树，墙边栽植攀缘植物垂直绿化，开辟屋顶花园空中绿化，都是增加工矿企业绿地面积行之有效的办法。

3. 管线密布

工矿企业的中心任务是发展生产，为社会提供质优量多的产品。工矿企业的绿化要有利于生产正常运行，有利于产品质量提高。工矿企业内地上、地下管线密布，可谓"天罗地网"，建筑物、构筑物、铁道、道路交叉如织，厂内外运输繁忙。有些精密仪器厂、仪表厂、电子厂的设备和产品对环境的洁净度有较高的要求。因此，工矿企业绿化既要处理好与建筑物、构筑物、道路、管线的关系，保证生产运行的安全，还要满足设备和产品对环境的特殊要求，又要使植物能有较正常的生长发育条件。

二、工矿企业绿地的设计原则

工矿企业绿化关系到全厂各区、各车间内外生产环境和厂区容貌的好坏，在设计时应遵循以下几项基本原则。

1. 特色

工矿企业绿化是以厂内建筑为主体的环境净化、绿化和美化，要体现本厂绿化的特色和风格，充分发挥绿化的整体效果，以植物与工矿企业特有的建筑形态、体量、色彩相衬托、对比、协调，形成别具一格的工业景观（远观）和独特优美的厂区环境（近观），如电厂高耸入云的烟囱和造型优美的双曲线冷却塔，纺织厂锯齿形天窗的生产车间，炼油厂、化工矿企业的烟囱，各种反应塔，银白色的贮油罐，纵横交错的管道等。这些建筑物、装置与花草树木形成形态、轮廓和色彩的对比变化，刚柔相济，从而体现各个工矿企业的特点和风格。

同时，工矿企业绿化还应根据本厂实际，在植物的选择配置、绿地的形式和内容、布置风格和意境等方面，体现出厂区宽敞明朗、洁净清新、整齐划一、宏伟壮观、简洁明快的时代气息和精神风貌。

2. 服务

为生产服务，要充分了解工矿企业及其车间、仓库、料场等区域的特点，综合考虑生产工艺流程、防火、防爆、通风、采光以及产品对环境的要求，使绿化服从或满足这些要求，有利于生产和安全。为职工服务，就要创造有利于职工劳动、工作和休息的环境，有益于工人的身体健康。尤其是生产区和仓库区，占地面积大，又是职工生产劳动的场所，绿化的好坏直接影响厂容厂貌和工人的身体健康，应作为工矿企业绿化的重点之一。根据实际情况，在树种选择、布置形式，到栽植管理上多下功夫，充分发挥绿化在净化空气、美化环境、消除疲劳、振奋精神、增进健康等方面的作用。

3. 统筹

工矿企业绿化要纳入厂区总体规划中，在工矿企业建筑、道路、管线等总体布局时，要把绿化结合进去，做到全面规划，合理布局，形成点线面相结合的厂区园林绿地系统。点的绿化是厂前区和游憩性游园，线的绿化是厂内道路、铁路、河渠及防护林带，面就是车间、仓库、料场等生产性建筑、场地的周边绿化。从厂前区到生产区、仓库、作业场、料场，到处是绿树红花青草，让工矿企业掩映在绿荫丛中。同时，也要使厂区绿化与市区街道绿化联系衔接，过渡自然。

4. 插绿

工矿企业绿地面积的大小，直接影响到绿化的功能和厂区景观。各类工矿企业为保证文明生产和环境质量，必须有一定的绿地率，一般是重工业 20%，化学工业 20%~25%，轻纺工业 40%~45%，精密仪器工业 50%，其他工业 25%。据调查，大多数工矿企业绿化用地不足，特别是位于旧城区的工矿企业绿化用地远远低于上述指标，而一些工矿企业增加绿地面积的潜力还是相当大的，只是因资金紧张或领导重视不够而没有做到。因此，要想方设法通过多种途径、多种形式增加绿地面积，见缝插绿，提高工矿企业的绿地率、绿视率和绿量。

现在，世界上许多国家都注重工矿企业绿化美化。美国把工矿企业绿化称为"产业公园"。日本土地资源紧缺，20 世纪 60 年代，工矿企业绿地率仅为 3%，后来要求新建厂要达到 20% 的绿地率，实际上许多工矿企业已超过这一指标，有的高达 40%。一些工矿企业绿树成荫，芳草萋萋，不仅技术先进，产品质量高，而且以环境优美而闻名。

三、工矿企业绿地绿化树种的选择

1. 识地识树，适地适树

工矿企业绿化管理人员有限，为省工节支，宜选择繁殖、栽培容易和管理粗放的树种，尤其要注意选择乡土树种。

识地识树就是要对拟绿化的工矿企业绿地的环境条件有清晰的认识和了解，包括温度、湿度、光照等气候条件和土层厚度、土壤结构和肥力、pH 等土壤条件，也要对各种园林植物的生物学和生态学特征了如指掌。适地适树就是根据绿化地段的环境条件选择植物，使环境适合植物生长，也使植物能适应栽植地环境。在识地识树前提下，适地适树地选择树木花草，使之成活率高，生长茁壮，获得较强的抗性和耐性，达到良好的绿化效果。

2. 注意防污及对污染源敏感植物的选择

工矿企业是污染源，要在调查研究和测定的基础上，选择防污能力较强的植物，尽快取得良好的绿化效果，避免失败和浪费，发挥工矿企业绿地改善和保护环境的功能。在厂区污染源地带，可适量栽植一些预警性植物，即对污染源敏感的植物，以监测环境污染程度。如 SO_2 敏感植物有雪松、月季、杜仲，HF 敏感植物有雪松、樱花。

3. 满足生产工艺的要求

不同工矿企业的车间、仓库、料场，其生产工艺流程和产品质量对环境的要求，如空气洁净程度、防火、防爆等要求都不同。因此，选择绿化植物时，要充分了解和考虑这些对环境条件的限制因素。

四、工矿企业绿地的设计内容及要求

1. 厂前区绿地

厂前区的绿化不仅要美观、整齐、大方、开朗明快，给人以深刻印象，还要方便车辆通行和人流集散。绿地设置应与广场、道路、周围建筑及有关设施（光荣榜、画廊、阅报栏、黑板报、宣传牌等）相协调，一般多采用规则式或混合式。植物配置要和建筑立面、形体、色彩协调一致，与城市道路相联系。种植类型多用对植和行列式，因地制宜地设置林荫道、行道树、绿篱、花坛、草坪、喷泉、水池、假山、雕塑等（图 3-4-1）。入口处的布置要富于装饰性和观赏性，强调入口空间（图 3-4-2）。建筑周围的绿化还要处理好空间艺术效果、通风采光、各种管线的关系。广场周边、道路两侧的行道树，宜选用冠大荫浓、耐修剪、生长快的乔木或树姿优美、高大雄伟的常绿乔木，形成外围景观或林荫道。花坛、草坪及建筑周围的基础绿带或用修剪整齐的常绿绿篱围边，点缀色彩鲜艳的花灌木、宿根花卉，或植草坪，用低矮的色叶灌木形成模纹图案。

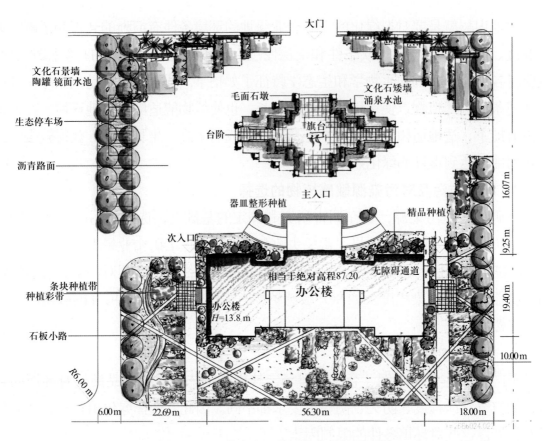

文化石景墙
陶罐 镜面水池

生态停车场

沥青路面

条块种植带
种植彩带

石板小路

大门

毛面石墩
台阶
旗台
文化石矮墙
涌泉水池

主入口

器皿整形种植
精品种植

次入口

相当于绝对高程87.20
办公楼
办公楼
H=13.8 m

无障碍通道

16.07 m
9.25 m
19.40 m
10.00 m

R6.00 m

6.00 m　22.69 m　56.30 m　18.00 m

图 3-4-1　某企业厂前区绿化设计平面图

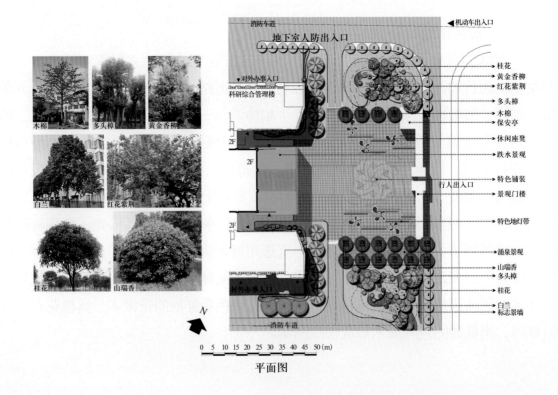

木棉　多头樟　黄金香柳

白兰　红花紫荆

桂花　山瑞香

消防车道
地下室人防出入口
机动车出入口

对外办事入口
科研综合管理楼

2F
2F
2F

对外办事入口
消防车道

桂花
黄金香柳
红花紫荆
多头樟
木棉
保安亭
休闲座凳
跌水景观
特色铺装
景观门楼
特色地灯带
涌泉景观
山瑞香
多头樟
桂花
白兰
标志景墙

行人出入口

N

0 5 10 15 20 25 30 35 40 45 50(m)

平面图

效果图

图 3-4-2　某企业入口处绿化设计

2. 生产区绿地

工矿企业生产车间周围的绿化比较复杂，绿地大小差异较大，多为条带状（图 3-4-3）。由于车间生产特点不同，绿地也不一样。有的车间对周围环境产生不良影响和严重污染，如散发有害气体、烟尘、噪声等。有的车间则对周围环境有一定的要求，如空气洁净程度、防火、防爆、降温、湿度、安静程度。因此生产车间周围的绿化要根据生产特点，职工视觉、心理和情绪特点，创造所需要的环境条件，防止和减轻车间污染物对周围环境的影响和危害，满足车间生产安全、检修、运输等方面对环境的要求，为工人提供良好的工余短暂休息用地。

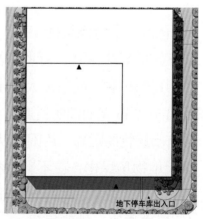

图 3-4-3　某企业生产车间周围绿化设计图

一般情况下，车间周围的绿地设计首先要考虑有利于生产和室内通风采光，距车间 6~8 m 内不宜栽植高大乔木；其次，要把车间出入口两侧绿地作为重点绿化美化地段。各类车间生产性质不同，各具特点，必须根据车间具体情况因地制宜地进行绿化设计（表 3-4-1）。

表 3-4-1　各类生产车间周围绿化特点及设计要点

车间类型	绿化特点	设计要点
1. 精密仪器车间、食品车间、医药卫生车间、供水车间	对空气质量要求较高	以栽植藤本、常绿树木为主，铺设大块草坪，选用无飞絮、种毛、落果及不易掉叶的乔灌木和杀菌能力强的树种
2. 化工车间、粉尘车间	有利于有害气体、粉尘的扩散、稀释或吸附，起隔离、分区、遮蔽作用	栽植抗污、吸污、滞尘能力强的树种，以草坪、乔灌木形成一定空间和立体层次的屏障
3. 恒温车间、高温车间	有利于改善和调节小气候环境	以草坪、地被物、乔灌木混交，形成自然式绿地；以常绿树种为主，花灌木色淡味香，可配置园林小品
4. 噪声车间	有利于减弱噪声	选择枝叶茂密、分枝低、叶面积大的乔灌木，以常绿落叶树木组成复层混交林带
5. 易燃、易爆车间	有利于防火、防爆	栽植防火树种，以草坪和乔木为主，不栽或少栽花灌木，以利可燃气体稀释、扩散，并留出消防通道和场地
6. 露天作业区	起隔声、分区、遮阳作用	栽植大树冠的乔木混交林带
7. 工艺美术车间	创造美好的环境	栽植姿态优美、色彩丰富的树木花草，配置水池、喷泉、假山、雕塑等园林小品，铺设园路小径
8. 暗室作业车间	形成幽静、荫蔽的环境	搭荫棚，或栽植枝叶茂密的乔木，以常绿乔木、灌木为主

3. 仓库、堆物场绿地

仓库区的绿化设计，要考虑消防、交通运输和装卸方便等要求，选用防火树种，禁用易燃树种，疏植高大乔木，种植间距 7~10 m，绿化布置宜简洁。在仓库周围留出 5~7 m 宽的消防通道。

装有易燃物的贮罐，周围应以草坪为主，防护堤内不种植物。

露天堆物场绿化，在不影响物品堆放，车辆进出、装卸条件下，周边栽植高大、防火、隔尘效果好的落叶阔叶树，以利夏季工人遮阳休息。外围加以隔离。

4. 厂内道路、铁路绿化

（1）厂内道路绿化

厂区道路是工矿企业生产组织、工艺流程、原材料及成品运输、企业管理、生活服务的重要通道，是厂区的动脉。满足生产要求，保证厂内交通运输的畅通和职工安全既是厂区道路规划的第一要求，也是厂区道路绿化的基本要求。

道路两侧通常以等距行列式各栽植 1~2 行乔木作行道树，如路较窄，也可在其一侧栽植行道树，南北向道路可栽在路西侧，东西向道路可栽在路南侧，以利遮阳。行道树株距视树种大小而定，以 5~8 m 为宜。大乔木定干高度不低于 3 m，中小乔木定干高度不低于 2.5 m。为了保证行车、行人和生产安全，厂内道路交叉口、转弯处要留出一定安全视距的通透区域，还要保证树木与建筑物、构筑物、道路，以及地上、地下管线的最小间距。有的工矿企业，如石油化工企业，厂内道路常与管廊相交或平行，道路的绿化要与管廊位置及形式结合起来考虑，因地制宜地选用乔灌木、绿篱和攀缘植物，合理配置，以取得良好的绿化效果。

大型工矿企业道路有足够宽度时，可增加园林小品，布置成花园式林荫道。绿化设计时，要充分发挥植物的形体美和色彩美，在道路两侧有层次地布置乔灌花草，形成层次分明、色彩丰富、多功能的绿色长廊。

（2）厂内铁路绿化

在钢铁、石油、化工、煤炭、重型机械等大型厂矿内，除一般道路外，还有铁路专用线，厂内铁路两侧也需要绿化。

铁路绿化有利于减弱噪声，保持水土，稳固路基，还可以通过栽植，形成绿篱、绿墙，组织人流，防止行人乱穿铁路而发生交通事故。

厂内铁路绿化设计时，植物离标准轨外轨的最小距离为 8 m，距轻便窄轨不小于 5 m。前排密植灌木，以起隔离作用，中后排再种乔木。铁路与道路交叉口处，每边至少留出 20 m 不能种植高于 1 m 的植物。铁路弯道内侧至少留出 200 m 视距，在此范围内不能种植阻挡视线的乔灌木。铁路边装卸原料、成品的场地绿化以草地为主，以保证装卸作业的进行（图 3-4-4）。

图 3-4-4　铁路边装卸原料、成品的场地绿化

5. 工矿企业小游园

（1）小游园的功能及要求

根据各厂的具体情况和特点，在工矿企业内因地制宜地开辟建设小游园，运用园林艺术手法，布置园路、广场、水池、假山及建筑小品，栽植花草树木，组成优美的环境，既美化了厂容、厂貌，又是厂内职工开展业余文化体育活动的良好场所，有利于职工工余休息、谈心、观赏，消除疲劳（图 3-4-5）。

图 3-4-5　东莞某厂小游园设计平面图

厂内休息性小游园面积一般不大，小巧玲珑，要精心布置。如结合本厂特点设置标志性的雕塑（图 3-4-6）或建筑小品，与工矿企业建筑物、构筑物相协调，形成不同于城市公园、街道、居住小区游园的格调和风貌。

（2）小游园的布局形式

小游园的布局形式，规则式、自然式和混合式皆可用。根据其所在位置、功能、性质、场地形状、地势及职工爱好，因地制宜，灵活布置，不拘形式，并与周围环境协调一致。

图 3-4-6　某炼钢厂小游园中的熔炉模型

（3）小游园在厂区设置的位置

一般结合厂前区进行布置（图 3-4-7）。厂前区是职工上下班必经之处，也是来宾首到之处，又临近城市街道，小游园结合厂前区布置，既方便了职工游憩，也美化了厂前区的面貌和街道侧旁景观。当然也可以根据需要布置在员工生活区等处。

6. 工矿企业防护林带

工矿企业防护林带的主要作用是滤滞粉尘，净化空气，吸收有毒气体，减轻污染，改善、保护厂区乃至城市环境。首先要根据污染因素、污染程度和绿化条件，综合考虑，确立林带的条数、宽度和位置。

通常，在工矿企业上风方向设置防护林带，防止风沙侵袭及邻近企业污染。在下风方向设置防护林带，必须根据有害物排放、降落和扩散的特点，选择适当的位置和种植类型。一般情况下，污物排出并不立即降落，在厂房附近地段不必设置林带，而将其设在污物开始密集降落和受影响的地段内。防护林带内不宜布置散步休

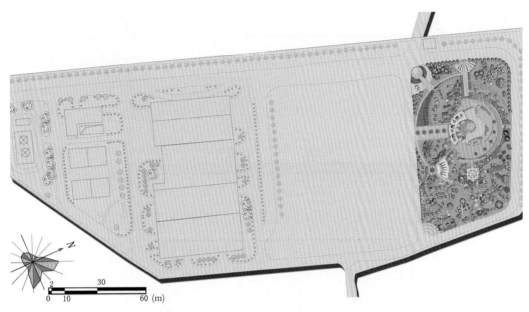

图 3-4-7　小游园结合厂前区进行布置

息的小道、广场，在横穿林带的道路两侧应重点绿化隔离污染。

　　烟尘和有害气体的扩散，与其排出量、风速、风向、垂直温差、气压、污染源的距离及排出高度有关，因此设置防护林带，也要综合考虑这些因素，才能使其发挥较大的防护效果。

　　防护林带应选择生长健壮、病虫害少、抗污染性强、树体高大、枝叶茂密、根系发达的树种。树种配置时要常绿树与落叶树相结合、乔木与灌木相结合、阴性树与阳性树相结合、速生树与慢生树相结合、净化与绿化相结合。

能力培养

工矿企业绿地设计训练
——以珠海某钢管有限公司绿地设计方案为例

　　1. 项目概况

　　本项目位于珠海高栏港南水大道南侧，总用地面积约 13.5 万 m²，景观面积约 4.3 万 m²（图 3-4-8）。景观区域可分为三部分：办公区、生活区、厂房及市政道路周边区域。另根据要求，二期待建的厂房需做临时绿化，面积约 3.7 万 m²。该公司经历十多年的发展，已经成为业内颇具影响力的大型制造企业，拥有自己独特的企业文化，景观设计应因地制宜，同时考虑融入企业文化，凸显企业特色。

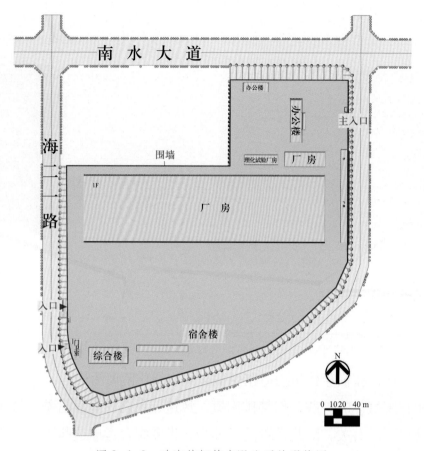

图 3-4-8　珠海某钢管有限公司的现状图

2. 功能定位依据及其定位分析

优美的环境能为每一位进出该企业的人们带来美好的心情，环境与人文恰当的结合也能强化每一位进出该企业的人对企业精神的认可，增强企业的凝聚力和影响力。因此为工厂营造一个强化企业精神内涵而又自然、舒适的外部景观环境，使员工带着责任感和愉悦的心情去工作，是本绿地功能定位的主要依据。

其功能定位从以下三个方面综合考虑。

🍃 根据厂区内各种人性化需求，如工作、景观、交流、生活来确定功能区。

🍃 与周边环境相协调，合理地分配动静区，如办公楼前以静为主，景观多为观赏性；办公楼后和生活区以动为主，景观与员工休闲交流空间相结合。

🍃 根据企业精神需要，主要体现厂区的企业文化、体育、休闲、科技历史等人文精神。

3. 设计原则分析

根据项目概况及功能定位，本案的设计原则可归纳为以下三点：

（1）以人为本，和谐理性

景观设计突出功能方面的要求，创造舒适宜人的景观环境，同时结合厂区特点精心布局，体现秩序感，满足企业员工在工作、生活、休闲、健身、观赏等各方面、多层次的需求。

（2）因地制宜，凸显特色

根据景观区域的不同，绿地同时也承担了其他的功能，如入口、广场区，设计突出简洁大气，展现企业形象；办公休闲区，以自然舒适为主，让员工在工作之余有休息交流的空间；生活区则简单、整洁，给员工提供运动和放松的场地。

（3）合理定位，兼顾成本

厂区绿化不同于住宅小区或公园景区，重点在于提供给员工优美舒适的工作环境。因此，在整体布局、材料选用、苗木配置等方面都需要合理定位，同时亦要考虑便于今后管理养护，在保证景观效果的同时兼顾成本。

4. **总平面及分区设计**

根据出入口位置，红线内不同性质的建筑位置及企业发展预留，本设计方案将该企业绿地划分为五个区域（图 3-4-9，图 3-4-10）。

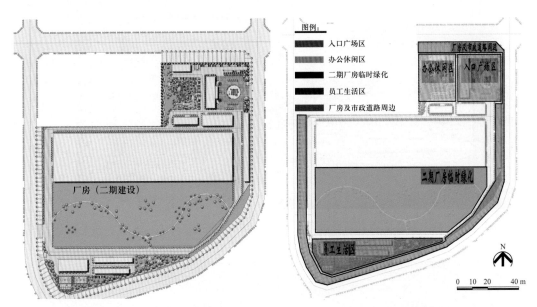

图 3-4-9　绿地设计总平面图　　　　图 3-4-10　绿地功能分区图

（1）入口广场区

本区域会留给外来客人进入厂区的第一印象，是公司的形象展示区（图 3-4-11 至图 3-4-14）。

在办公楼前设圆形广场，在广场中间设方形水池，水池中央为风水球，两侧则为凤凰展翅造型雕塑，向水池中间喷水，暗寓"双凤朝珠"之意。水池前方设有组合花池，种植色彩鲜艳的时花作为点缀。在广场两侧采用高大乔木列植，作为景观背景。此外，大门入口两侧绿化采取绿化组团的种植手法，以弱化停车场硬质感

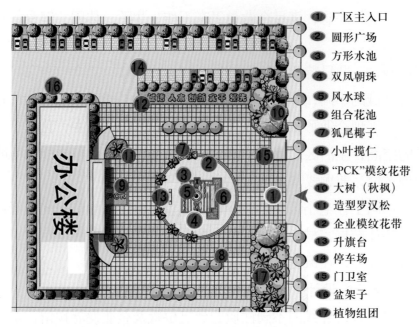

① 厂区主入口
② 圆形广场
③ 方形水池
④ 双凤朝珠
⑤ 风水球
⑥ 组合花池
⑦ 狐尾椰子
⑧ 小叶揽仁
⑨ "PCK"模纹花带
⑩ 大树（秋枫）
⑪ 造型罗汉松
⑫ 企业模纹花带
⑬ 升旗台
⑭ 停车场
⑮ 门卫室
⑯ 盆架子
⑰ 植物组团

图 3-4-11　入口广场区平面图

图 3-4-12　入口广场区鸟瞰效果图

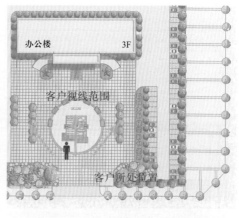

图 3-4-13　入口广场区客户视线分析图

图 3-4-14　入口广场区客户视线效果图

和单调感。同时，在入口右侧设置模纹花带，展现"诚信、人本、创新、实干、领先"的企业价值观图。

入口广场区的景观布置，在简明扼要的同时必须满足园林景观层次丰富、色彩斑斓、四季交替等功能需求。

（2）办公休闲区

以主办公楼后面绿地为主要设计区域，以假山流水为景观中心，流水潺潺，涌泉翻腾。沿池边设置休闲广场，广场中有观景亭供人休憩交谈；广场上错落分布的树池可供人小坐，同时大树亦起到遮阳作用。在广场南侧是企业文化展示区，园路是根据钢管的特色来设计，区内设有钢管制作的小构架和特色景墙，作为企业宣传栏抑或景观小品，增添了景观的趣味性（图3-4-15～图3-4-18）。

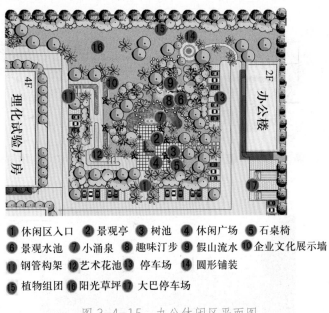

❶休闲区入口　❷景观亭　❸树池　❹休闲广场　❺石桌椅
❻景观水池　❼小涌泉　❽趣味汀步　❾假山流水　❿企业文化展示墙
⓫钢管构架　⓬艺术花池　⓭停车场　⓮圆形铺装
⓯植物组团　⓰阳光草坪　⓱大巴停车场

图 3-4-15　办公休闲区平面图

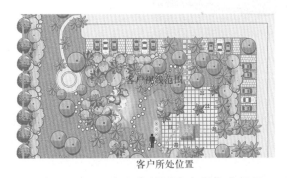

图 3-4-16　办公休闲区客户视线分析图　图 3-4-17　办公休闲区客户视线效果图（一）

图 3-4-18　办公休闲区客户视线效果图（二）

　　办公休闲区景观布置，在达到步移景换的同时必须满足园林景观特色多变、动静结合、趣味性强等功能需求。

　　（3）员工生活区

　　员工生活区的绿化设计以运动休闲为主，主要提供健身休闲的景观空间（图3-4-19，图3-4-20）。在综合楼前设计有两个篮球场，供员工锻炼并在空闲时可作为集会场地。绿化布置则以常绿乔木和整形绿篱为主，干净整洁。另在生活区一角设计休闲区，弯曲的园路将几个休闲小广场串联起来，让员工在其中散步交流，是一个相对安静的空间。此外，还设置了乒乓球台和停车坪，丰富了该区域的功能。

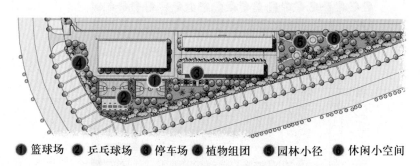

❶ 篮球场　❷ 乒乓球场　❸ 停车场　❹ 植物组团　❺ 园林小径　❻ 休闲小空间

图 3-4-19　员工生活区平面图

图 3-4-20　员工生活区局部效果图

　　（4）厂房及市政道路周边

　　本区域以人行道铺装、列植的行道树和长条形花池为主，处处有花香，成为厂区的绿色走廊。

　　（5）二期厂房临时绿化

　　本区域面积较大，作为待建用地，设计以大草坪为主，一条小径蜿蜒曲折，贯穿整个绿地。为避免景观的单调，在草坪上点缀有小型乔木和花灌木，成为厂区的另一道别致景观。

　　5. 企业文化体现

　　整个厂区的企业文化通过水景、景墙、模纹花带等景观元素来体现，让园林景观融入企业文化，使员工在观赏、休闲的同时感受到企业文化（图3-4-21）。

水景"双凤朝珠"　　　　　企业文化景墙

企业理念模纹花带

图 3-4-21　企业文化在景观中的体现

6. 主要景观节点和消防通道

主要景观节点的定位从人的心理特征出发，创造一个能引起游览者情感变化，最终达到情感共鸣的场所（图 3-4-22）。

点、线、面的组合形式使得空间富于变化，空间有静有舒有缓，极富韵律美。

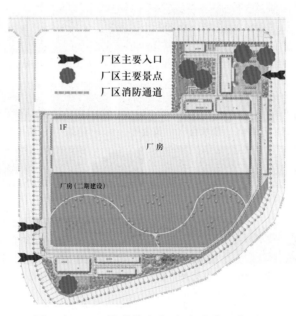

图 3-4-22　景观节点和消防通道示意图

7. 植物意象

入口两侧对植树形选择优美饱满、能独立成景的大乔木。入口内广场适合选择轻盈飘逸的树种，能作为柔化硬质广场和后面办公建筑的衬景，而且隐隐约约能让视线透过。办公楼建筑两侧选择盆景造型的植物过渡（图 3-4-23），其余区域植物选用适宜在工厂种植的乡土树种（图 3-4-24）。

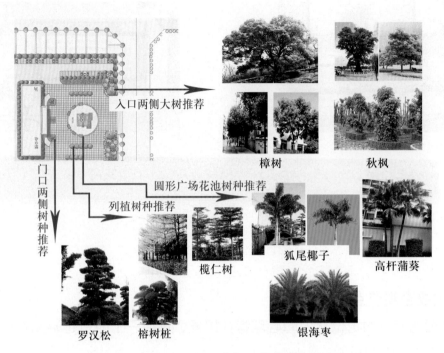

图 3-4-23 入口广场区植物意向图

图 3-4-24 其余区域植物意向图

8. 小品及铺砖意象

该项目小品包含座椅（凳）、指示牌和垃圾箱等（图 3-4-25）。

9. 铺砖意象

该项目地面铺砖力求全园协调而又丰富多变（图 3-4-26～图 3-4-28）。

图 3-4-25　小品设施意向

图 3-4-26　地面卵石和砾石运用意向

图 3-4-27　地面碎石拼接运用意向

图 3-4-28 规则式铺砖运用意向

课后练习

工矿企业绿地设计：下面为成都压缩机厂现状照片（图 3-4-29）及现状底图（图 3-4-30，图 3-4-31），根据已经学习的工矿企业绿地设计的相关知识，为该压缩机厂的绿地进行设计。

图 3-4-29 成都压缩机厂现状照片

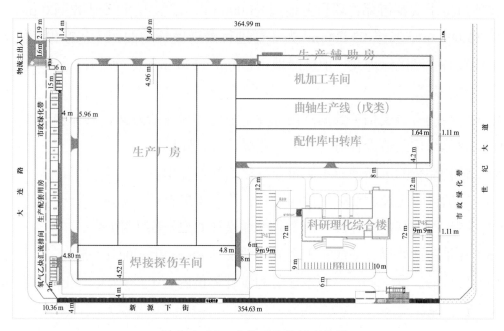

图 3-4-30　成都压缩机厂现状图

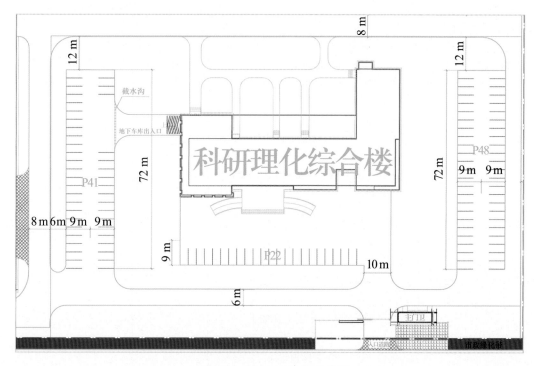

图 3-4-31　厂前区现状图

1. 项目概况

本项目位于成都市郊，项目占地约 85 000 m²，建筑占地面积 47 000 m²，主道路面积 15 000 m²，其余 23 000 m² 为需要进行景观设计的面积（包括停车区）。该任务主要针对生产区绿地及厂前区绿地（190 m×120 m）进行设计。

2. 内容要求

根据已给的资料及相关数据，设计一个绿化升级改造方案，具体要求如下：

（1）整体绿化改造设计符合工矿企业绿地设计原则。

（2）植物品种的选择适宜工矿企业绿化的基本要求。

（3）厂前区绿地及生产区绿地的设计，符合工矿企业绿地的设计要点。

（4）图纸绘制规范，完成工矿企业绿地设计 CAD 平面图 1 张。

（5）注重图面效果，完成工矿企业绿地设计 PS 彩色平面图 1 张。

任务完成后，同学们需填写本任务的设计评价内容（表 3-4-2）和个人学习反馈内容（表 3-4-3）。

表 3-4-2　成都压缩机厂绿地改造设计评价表

项目组长及责任					
成员及角色分工					
评价类型	职业能力		组内自评	组间互评	教师点评
过程性评价（70%）	专业能力	植配能力（40%）			
		绘图能力（10%）			
	社会能力	工作态度（10%）			
		分工合作（10%）			
终结性评价（30%）	作品的合理性（10%）				
	作品的规范性（10%）				
	作品的完成性（10%）				
总评分	各项评分				
	总评分				
总结评价					

表 3-4-3　本教学项目中的个人学习反馈表

序号	反馈内容	反馈要点	反馈结果			
			优	良	中	差
1	知识与技能	是否明确本任务的学习目标				
		能否说出工矿企业绿地的作用				
		能否利用专业术语阐述相关案例的设计原则				
		能否列举出常用的工矿企业绿化植物种类				
		是否掌握厂前区绿地、生产区绿地和厂区小游园等设计要点				
2	过程与方法	能否利用多种信息源（二维码、互联网、光盘等）自主学习、查阅相关案例				
		能否通过分组合作完成本项目中的各个任务				
		能否运用本任务相关知识去调查当地工矿企业绿地的植物景观				
3	情感、态度和价值观	是否喜欢这种完成任务的方式				
		对自己在本任务中的表现是否满意				
		对本小组成员之间的团队合作是否满意				

请阐述自己在本教学项目中的心得体会：

任务 3.5　机关单位绿地设计

任务目标

知识： 1. 理解机关单位绿地的设计原则。
　　　　2. 掌握机关单位绿地的设计内容及要求。
技能： 1. 能够分析机关单位绿地的布局特点。
　　　　2. 会设计机关单位绿地。

知识学习

　　机关单位绿地是城市园林绿地系统的重要组成部分，包括党政机关、行政事业单位、各种团体及部队用地范围内的环境绿化。

一、机关单位绿地的设计原则

　　1. 以人为本
　　机关单位绿地设计首先要考虑办公对通风、采光等的要求，同时也要注意建筑构图与植物配置的均衡，绿化植物对建筑的避丑显美作用。植物搭配要简洁大方，树种选择应遵照春、夏、秋三季有花，一年四季常绿的原则，做到适地适树。
　　2. 庄重友好
　　机关单位是展示政府执政形象的窗口，进行绿地设计时要为机关单位营造优美、庄重、典雅、友好的工作环境，绿地率不得低于 35%。
　　3. 生态环保
　　机关单位绿地以封闭或半封闭型为主，植物配置应体现景观性、适用性，乔、灌、草复层配置，以丰富的绿化层次和四季景观改善局部生态环境。

二、机关单位绿地的设计内容及要求

1. 大门入口处绿地

大门入口处是单位形象的缩影，入口处绿地也是单位绿化的重点之一。绿地的形式、色彩和风格要与入口空间、大门建筑统一协调，设计时应充分考虑，以形成机关单位的特色及风格（图 3-5-1）。一般大门外两侧采用规则式种植，以树冠规整、耐修剪的常绿树种为主，与大门形成强烈对比；或将乔灌木对植于大门两侧，衬托大门建筑，强调入口空间。在入口对景位置可设计花坛、喷泉、假山、雕塑、树丛、树坛及影壁等。

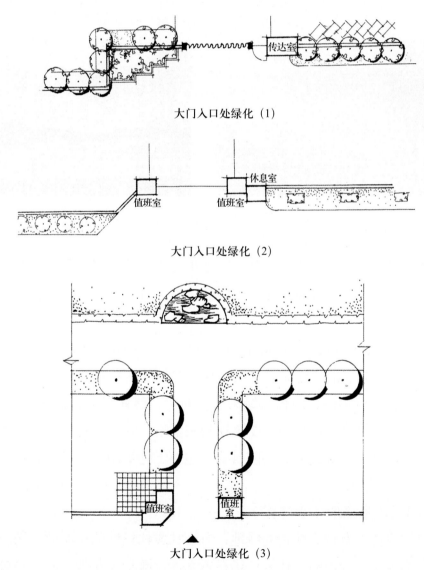

大门入口处绿化（1）

大门入口处绿化（2）

大门入口处绿化（3）

图 3-5-1　机关单位大门入口处绿化的不同形式

　　大门外两侧绿地，应由规则式过渡到自然式，并与街道绿地中人行道绿化带结合。入口处及临街的围墙要通透，也可用攀缘植物绿化。

　　2.　**办公楼绿地**

　　办公楼绿地可分为楼前装饰性绿地（此绿地有时与大门内广场绿地合二为一）、办公楼入口处绿地及楼周围基础绿地。

　　大门入口至办公楼前，根据空间和场地大小，往往规划成广场（图 3-5-2），供人流交通集散和停车，绿地位于广场两侧。若空间较大，也可在楼前设置装饰性绿地，两侧为集散和停车广场。大楼前的广场在满足人流、交通、停车等功能的条件下，可设置喷泉、假山、雕塑、花坛、树坛等；作为入口的对景，两侧可布置绿地（图 3-5-3）。

图 3-5-2　东莞市政府广场绿地　　　　图 3-5-3　广州番禺区政府办公楼前绿地

　　办公楼入口处绿地，一般结合台阶，设花台或花坛，用球形或尖塔形的常绿树或耐修剪的花灌木对植于入口两侧，或用盆栽的苏铁、棕榈、南洋杉、鱼尾葵等摆放于大门两侧。

　　办公楼周围基础绿带，位于楼与道路之间，呈条带状，既美化衬托建筑，又可隔离噪声，保证楼内安静，还是办公楼与楼前绿地的衔接过渡。绿化设计应简洁明快，绿篱围边，草坪铺底，栽植常绿树与花灌木，整体观之，低矮、开敞、整齐，富有装饰性。在建筑物的背阴面，要选择耐阴植物。为保证室内通风采光，高大乔木可栽植在距建筑物 5 m 之外，为防日晒，也可于建筑山墙处结合行道树栽植高大乔木。

　　3.　**庭园式休息绿地（小游园）**

　　如果机关单位内有较大面积的绿地，可设计成休息性的小游园。游园中以植物绿化、美化为主，结合道路、休闲广场布置水池、雕塑及花架、亭、桌椅凳等园林建筑小品和休息设施，满足人们休息、观赏、散步活动之用。

4. 附属建筑绿地

机关单位附属建筑绿地指食堂、锅炉房、供变电室、车库、仓库、杂物堆放处等建筑及围墙内的绿地。这些地方的绿化首先要满足使用功能，如堆放煤及煤渣、垃圾，车辆停放，人流交通，供变电要求等；其次要对杂乱的、不卫生、不美观之处进行遮蔽处理，用植物形成隔离带，阻挡视线，起卫生防护隔离和美化作用。

5. 道路绿地

道路绿地也是机关单位绿化的重点，它贯穿于机关单位各组成部分之间，起着交通、空间和景观联系和分隔的作用。道路绿化应根据道路及绿地宽度采用行道树及绿化带种植方式。机关单位道路较窄，建筑物之间空间较小，行道树应选择观赏性较强、分枝点较低、树冠较小的中小乔木，株距 3~5 m。同时，也要处理好与各种管线之间的关系，行道树种不宜繁杂。

能力培养

机关单位绿地设计训练
——以某人大常委会机关办公楼院内绿地设计方案为例

1. 任务分析

某人大常委会机关办公楼（图 3-5-4）位于市城关区中心滩东端，占地约 33 000 m²，本次绿化面积为 14 653 m²。建设地点东临雁盐黄河大桥，西临拟建中的会展中心，北面靠北滨河东路，南面大门面对黄河。院内地表建筑物有坐北朝南 8 层办公楼主楼，主楼两侧有 3 层辅楼，后楼 2 层，主辅楼成品字形；院内东南角有一幢 4 层综合服务楼；西面靠北方向有 1 层信访接待室和门卫值班室。

办公楼建筑采用仿古风格，院落四周均为通透的铁艺围栏，铁艺栏杆以内区域为此次设计范围，围栏外围分别是市政 8 m、30 m 宽绿化带及市政道路和黄河堤岸。场地地处黄河风情线，且紧临黄河，风光秀丽，拥有独特的自然环境，南面视野开阔，且交通便利，为营造一个好的景观环境创造了先天条件。

2. 设计原则分析

根据以上项目分析，结合机关单位绿地设计指导思想，本案的设计原则可归纳为以下四点：

（1）效益

充分发挥绿地效益，创造一个幽雅的环境，美化环境、陶冶情操，坚持"以人

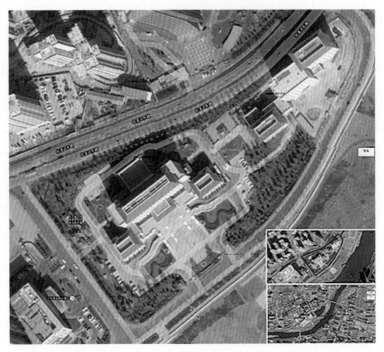

图 3-5-4　现状区位图

为本"，充分体现现代生态环保的设计思想。

（2）层次

植物配置以乡土树种为主，疏密适当，高低错落，形成一定的层次感；色彩丰富，主要以常绿树种作为"背景"，四季不同花色的花灌木进行搭配。尽量避免裸露地面，适当进行垂直绿化，用各种灌木和草本类花卉加以点缀，充分利用植物的多样性效果，达到四季常绿，三季有花。

（3）绿色

"以绿为主"，最大限度提高绿视率，体现自然生态。

（4）和谐

"因地制宜"是植物造景的根本，尽量利用原有地形和原有植物，"崇尚自然"寻求人与自然的和谐。

3.　整体布局

现场地形西北角、东北角较为空旷，南侧、西侧为主次入口。考虑到建筑的风格，为使绿化与建筑相融合，将绿化作为弥补空间不足、营造适于办公场所的重要元素。西北角堆积微地形，利用植物的浓密及生态性，遮挡外界视线干扰，同时也是进入院落的首要观赏点。东北角用落叶松、水杉等植物营造森林般的植物景观，无论近视还是远视都有较强的可视性。主次入口力求简洁、大方，凸显庄重与严肃的气氛。总体布局时充分考虑植物景观的呼应，西北角与东北角相呼应，构成稳定的视图（图 3-5-5，图 3-5-6）。

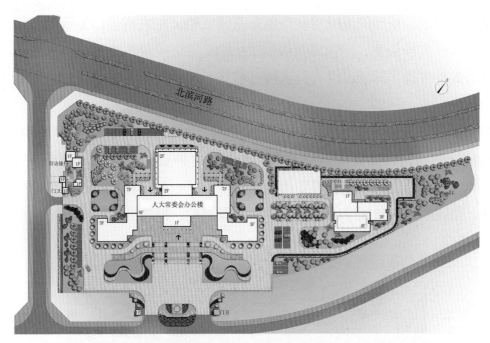

图 3-5-5 总体规划图

图 3-5-6 整体绿化效果图

4. 分区规划设计

为使绿化与建筑互相融合，结合建筑功能，将绿化功能分为四大区域：大门入口及办公楼前绿化区、办公楼后绿化区、附属建筑绿地（信访接待室绿化区和综合服务楼绿化区）。

（1）大门入口及办公楼前绿化区

该区域位于主办公楼南侧，为院落重要地段，也是此次重点绿化区域。运用高大挺拔的雪松、修剪整齐的大叶黄杨等植物，力图营造严肃、庄重的环境气氛。

用植物造景烘托建筑气势，装饰美化环境。沿大门入内，单位名称卧碑前为修剪整洁的草坪，卧碑后花坛内种植美人蕉，形成积极热烈的环境气氛，并用小龙柏植满花坛外绿地，苍劲的浓绿感使得色彩基调沉稳。左右两边门卫室旁绿地以桧柏为背景，小叶黄杨铺底，沿道路弧线以3.6 m的间距规则种植大叶黄杨组团。大叶黄杨修剪成整齐的半球状，沿人行道侧种植花色艳丽的丰花月季，营造热情洋溢的气氛。

办公主楼前踏步两侧绿地用大叶黄杨、金叶女贞、红叶小檗、小叶黄杨组成大尺度的模纹图案，自然而富于稳定感，并于其中种植高度达12 m的雪松各4株，形成富有气势的植物景观。辅楼侧绿地以草坪为底，规则种植经过整形修剪的大叶黄杨球，形成严谨的植物空间，并于其中点缀笔柏，挺拔高耸（图3-5-7）。

图 3-5-7　办公楼前绿化设计图

（2）办公楼后绿化区

该区域位于办公楼后楼两侧，由于办公楼紧临滨河路，路上车流较多，且行人不断，因此，应利用绿化将办公楼与外界适当隔离，形成较为安静的空间，同时与建筑相融合。

东西入口前绿地沿坡道边挡墙种植藤本月季，攀缘面上，适当地遮掩挡墙；绿地中心位置种植长势旺盛、树冠完整的云杉球，再由内向外依次配置牡丹、大叶黄杨篱、鸢尾、草坪，组成圆形的植物组团，富于层次且观赏性较强。

东侧绿地沿建筑廊两侧种植牡丹和木槿，开花时节透过廊柱可欣赏其美丽的姿态。木槿以桧柏为背景，既衬托花灌木，又将廊与停车位相隔离，遮蔽视线。自然种植 3 株栾树，随着秋季叶色的变化，丰富植物景观，栾树下种植连翘，早春时黄色花朵布满枝条，尤为美丽。

西侧绿地自然种植 5 株雪松，弥补空间的不足，雪松下片植丛生状紫薇，与雪松红绿相间，再配以绿色的草坪，清爽明亮。在其西侧规则种植模纹花带，依次为丰花月季、紫叶矮樱、红瑞木，高低错落，层次分明，郁郁葱葱，富于生态气息（图 3-5-8）。

图 3-5-8 办公楼后绿化设计图

（3）信访接待室绿化区

该区位于西侧大门两侧，紧依信访接待室，此处绿化设计以体现亲民性为主，利用自然错落的植物组合，使空间富于生态性（图 3-5-9）。

南侧绿地为长条形，沿铁艺栏杆规则种植两排桧柏，其前为紫叶矮樱、榆叶梅，为其他植物提供背景。自然种植合欢、紫薇、大叶黄杨，空间富于变化，且气氛明快。

北侧绿地围绕信访楼及门卫室布局，入口门卫室处小块绿地种植竹子，色泽浓绿，寓意刚正，其前配以修剪整齐的大叶黄杨球，植物层次多变。

门卫室与信访接待室围合的绿地面积仅 55 m²，设计时充分利用其小气候环境及柱廊的框景效果，营建如诗如画的植物景观。沿墙种植五叶地锦，其前配以大叶黄杨，形成绿色背景，草坪上点缀 1 株合欢，树下散植锦带花。

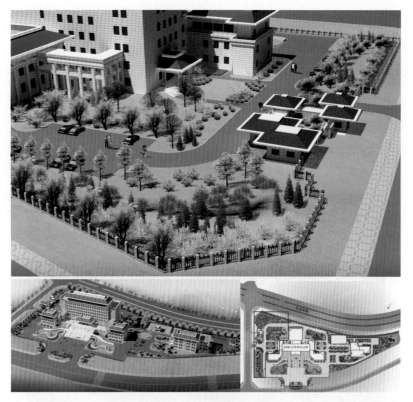

图 3-5-9　信访接待室区绿化设计图

　　信访接待室北侧绿地堆微地形，弥补院落西北角空旷之感，此处亦为设计重点地段，利用植物组合形成郁郁葱葱的山地植物景观，沿山脊种植龙柏、云杉，形成背景，两侧山坡种植文冠果、红叶李，山脚为花灌木，植物复层搭配，乔灌结合，颇富生态气息。

　　（4）综合服务楼绿化区

　　该区位于综合服务楼四周，利用植物造景形成适宜办公的场所（图3-5-10）。

　　综合服务楼主入口前两块绿地，其中离入口较远处绿地两侧种植国槐，形成夹景，绿地中央自然种植云杉，外围配以碧桃，观赏性较强。离入口较近的绿地中央植5株树形优美的云杉，云杉外配置由大叶黄杨、紫叶矮樱组成的模纹花带，正对入口处规则种植的牡丹，行人绕行绿地，四周皆具观赏性。

　　西北侧锅炉房变电室顶亭旁绿地，用种植土堆出微地形。由于其在地下室屋顶上，不宜大量种植高大乔木，故在亭旁散植3株小乔木合欢，合欢树下配以丝兰，周围分别配植月季、紫薇、牡丹等花灌木，构成意境丰富的植物景观，与亭相得益彰。

　　冷却塔西侧绿地以云杉为背景，配以连翘等花灌木，早春时节可观赏花木，东侧绿地自然种植火炬，火炬叶色随季相变化，且长势良好，又可避免外界对服务楼次入口的视线干扰。

图 3-5-10　综合服务楼绿化区绿地设计图

　　综合服务楼南侧绿地种植 3 株雪松，周边配以月季、榆叶梅、日本樱花，形成疏林草地的植物景观。综合服务楼东侧绿地长 65 m，宽 30 m，绿地中种植林冠线优美的水杉树群，其前配以落叶松、连翘、紫薇、紫玉兰等乔灌木，可观赏水杉优美的林冠线，也遮挡风沙，使得植物配置颇具生态性。

任务 3.6 宾馆饭店绿地设计

任务目标 ✍

知识：1. 理解宾馆饭店绿地的设计原则。
     2. 掌握宾馆饭店绿地的设计内容及要求。
技能：1. 能够分析宾馆饭店绿地的布局特点。
     2. 会设计宾馆饭店绿地。

知识学习 ✍

一、宾馆饭店绿地的特点

宾馆饭店绿地又称公共建筑庭园绿地。在进行庭园绿化时，要根据服务对象的层次满足各类庭园性质和功能的要求，植物造景尽量做到形式多样，丰富多彩，突出特色，在格调上要与建筑物和环境的性质、风格协调，与庭园绿化总体布局相一致。

二、宾馆饭店绿地的设计原则

1. 地域性

地域性即地域的归属感，宾馆饭店绿地在设计时应根据当地的地域特色，打造具有独特园林景观效果的食宿环境。可以通过设计将宾客的注意力引向外围的景致，还可以用造景手法，将周边的独特环境引入宾馆饭店，从而大幅度提高宾馆饭店物业的卖点，加深消费者的记忆，并提升饭店的知名度。

2. 景观性

园林绿地景观的主要作用是通过绿景、水景、山景、石景等设施来调节空气质量、丰富视觉感受，结合生态与景观创造出优美的环境氛围。相当比例的消费者平时工作压力巨大，需要适时减压，宾馆饭店绿地设计是满足这种"换个环境"需求的最佳手段。

3. 文化性

宾馆饭店绿地设计还应注重园林绿地景观与饭店文化紧密结合，园林景观和园林植物的配置要与宾馆饭店功能分区协调，要与饭店特色结合，满足消费者文化休闲的需求。

三、宾馆饭店绿地的设计内容及要求

宾馆饭店绿地根据庭园在建筑中所处的位置及其使用功能分为前庭、中庭（内庭）和后庭。

1. 前庭

前庭位于宾馆饭店主体建筑前，面临道路，供人、车交通出入，也是建筑物与城市道路之间的空间及交通缓冲地带。一般前庭较宽畅，其总体规划要综合考虑交通集散、绿化美化建筑和空间等功能，根据场地大小布置广场、停车场、喷泉、水池、雕塑、山石、花坛、树坛等，采用规则式构图，严整堂皇，雄伟壮观（图3-6-1）；也可采用自然式布局，自由活泼，富有生机和野趣，如杭州黄龙饭店前庭以山丘、水石、汀桥、植物等要素的有机组合，又利用挖池的土堆山形成岗阜，作为主景和屏障，起观赏和隔离作用，构成清幽、雅致的园景（图3-6-2）。

2. 中庭

中庭又称内庭。宾馆饭店等高层建筑，为了满足各种使用功能，活跃建筑内的环境气氛，常将建筑内部的局部抽空，形成玻璃屋顶的大厅，或在建筑底层门厅部分形成功能多样、景观变化丰富的共享空间。中庭的绿化造景部分往往位于门厅内后墙壁前，正对大厅入口，或位于楼梯口两侧的角隅处。中庭布置宜少而精，自由灵活（图3-6-3）。或半席园地，清池一口，清流滴润，笋石点点；或对壁景窗一扇芭蕉，回廊转角数株棕竹，会客大厅盈盈涌泉，茶座栏下游鱼娓娓，

图3-6-1 饭店前庭设计效果图

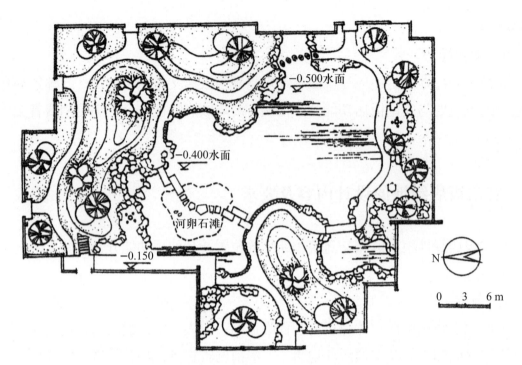

图 3-6-2　杭州黄龙饭店前庭设计平面图

图 3-6-3　某宾馆中庭绿化造景

景架壁上巧悬气兰，步廊两侧顽石相伴……中庭绿化造景将自然气息引入室内，富有生活情趣。

3. 后庭

后庭位于主体建筑楼后，或是由不同建筑围合的庭院，空间相对较大。绿化造景除满足各建筑物之间的交通联系等使用功能外，还可以植物绿化、美化为主，综合运用各种造景要素，设计成具有休息观赏功能的、自然活泼的、开放性的小游园（图 3-6-4）。后庭既可运用传统造园手法，设计具有中国古典园林意境和风格的游园，也可运用现代景观设计手法，创造富有时代气息和风格的林荫小广场（图3-6-5）。根据场地大小，繁简皆宜。地势平坦或微起伏，园中挖池堆山，池边、道旁及坡地上堆砌置石，园路蜿蜒曲折，小型休闲广场周围置桌凳椅等休息设施。植物配置疏密有致，高低错落，形成优美、清新、幽静的庭园环境。庭园绿化一般都是在较小的范围内进行，因而要充分利用可绿化的空间，增加庭园的绿量，运用多种植物，形成生物多样性的景观环境。如利用攀缘的藤本植物在围栏、墙面及花架上进行垂直绿化，形成绿色走廊；用耐阴的草坪、宿根花卉等地被植物覆盖树池、林下、道旁，使庭园充满绿意；或在建筑角隅处、围墙边栽植花灌木，使庭园生机盎然（图3-6-6）。

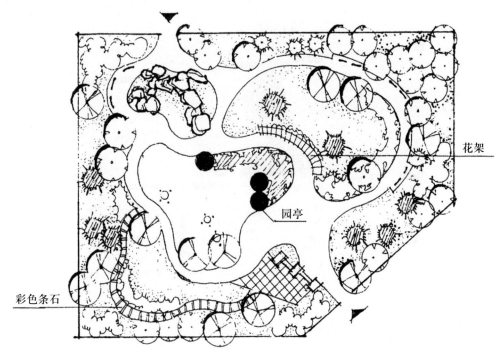

图 3-6-4　某宾馆后庭小游园设计平面图

图 3-6-5　某宾馆后庭林荫小广场

图 3-6-6　某宾馆后庭建筑角隅处绿化

能力培养 🍂

宾馆饭店绿地设计训练
——以广东省陆丰市某酒店的绿地设计方案为例

1. 项目概况

本项目位广东省汕尾陆丰市，南临广汕公路（图3-6-7）。该项目北部为住宅楼，东部为商务饭店，西望滨水游园，南望商场广场，处于集合了商业、居住、娱乐和休闲为一体的地理位置。设计范围包含占地面积内首层的绿地和建筑裙楼上绿地。

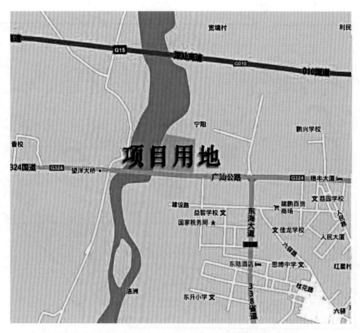

图 3-6-7　广东省陆丰市某酒店项目区位图

2. 设计理念

着力营造一个开放融合的空间，形成内敛、优雅、简约、平和的生活气质，凸显以人为本、聚集人气、突出特色、创造未来的理念，致力于营造"催生活力"的城市生活场，展现一股蓬勃的生命力和一道迷人的城市风景线，为蒸蒸日上、不断进取的城市风貌增添靓丽的一笔。

3. 功能定位及设计原则

（1）怡人空间

为出入该酒店进行商业贸易和居住娱乐的人们提供一个舒适美观的外环境空间。

（2）临水公园

充分利用该项目临水特色，将水景引入该设计，丰富该绿地的功能，突出临水休闲特色。

（3）承载人文文化

2006 年 6 月，陆丰皮影戏被国务院列入首批国家级非物质遗产名录；2011 年
11 月 27 日，中国皮影戏（含陆丰皮影戏）被联合国教科文组织公布列入世界人类
非物质文化遗产名录，陆丰皮影戏成为汕尾市首个也是唯一被评为"世遗"的项
目。该酒店作为商贸的一个平台，其环境设计体现并彰显"皮影戏"这个地方文化
特色。

4. 分区设计

该绿地设计项目分四个区域（图 3-6-8），分别是酒店出入口区、商场出入口及
停车区、临水休闲区和裙楼屋顶花园区。根据各区功能布置了各具特色的园林绿地
（图 3-6-9）。

（1）酒店出入口区

该酒店出入口（图 3-6-10）的景观设计突出地方文化特色的要求（图 3-6-11），
创造舒适宜人的景观环境，同时结合灯光精心布局（图 3-6-12），体现城市动感。其
中出入口雕塑小品为陆丰皮影戏中典型的铜人造型，让出入该酒店的人们了解这一
世界人类非物质文化遗产，并达到宣传陆丰地方文化的目的。

（2）商场出入口及停车区

商场出入口（图 3-6-13）为满足出入商场较大人流量和大量停车的需求，该区
仅作停车的分流安排和局部休息场所的设置。

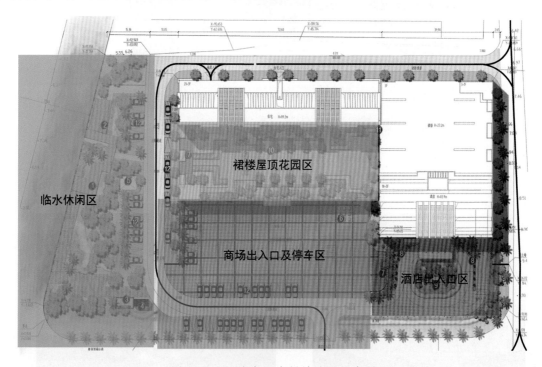

图 3-6-8 陆丰酒店绿地分区示意图

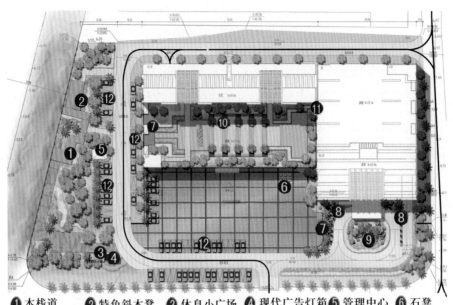

① 木栈道　② 特色斜木凳　③ 休息小广场　④ 现代广告灯箱　⑤ 管理中心　⑥ 石凳
⑦ 木平台　⑧ 特色灯艺　⑨ 皮影铜人雕塑　⑩ 花基　⑪ 出入口　⑫ 停车位

图 3-6-9　陆丰酒店绿地设计总平面图

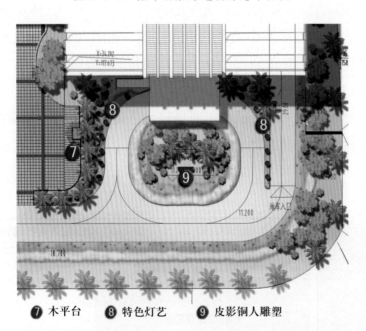

⑦ 木平台　⑧ 特色灯艺　⑨ 皮影铜人雕塑

图 3-6-10　出入口平面图

图 3-6-11　出入口皮影铜人雕塑效果示意图　　图 3-6-12　出入口特色灯艺效果示意图

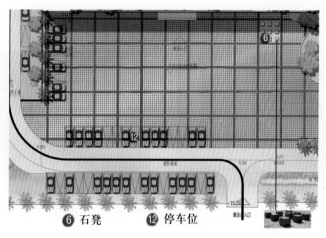

⑥ 石凳　　⑫ 停车位

图 3-6-13　商场出入口及停车区平面图

（3）临水休闲区

临水休闲区（图 3-6-14）充分利用临水优势，将水体景观引入，设置亲水木栈道（图 3-6-15）、观水休闲凳、休闲小广场（图 3-6-16）、现代广告灯箱（图 3-6-17 至图 3-6-19）等，同时结合植物造景（图 3-6-20），满足管理人流和路边停车等实用功能。

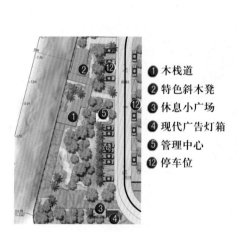

① 木栈道
② 特色斜木凳
③ 休息小广场
④ 现代广告灯箱
⑤ 管理中心
⑫ 停车位

图 3-6-14　临水休闲区平面图　　　　图 3-6-15　亲水休闲区木栈道效果图

图 3-6-16　临水休闲区休闲广场效果图

图 3-6-17　现代广告灯箱效果图（白天）　　图 3-6-18　现代广告灯箱效果图（夜晚）

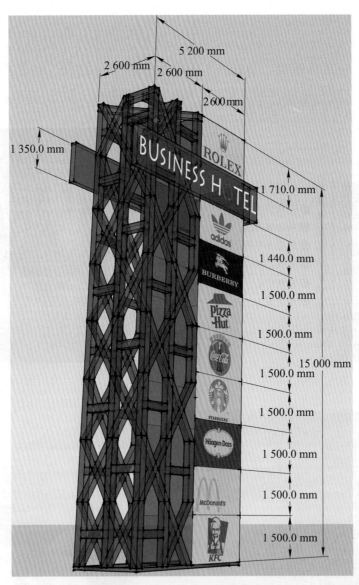

图 3-6-19　现代广告灯箱尺寸

图 3-6-20　植物造景效果图

（4）裙楼屋顶花园区

裙楼屋顶花园区（图 3-6-21，图 3-6-22），作为酒店绿地公共活动场地的一部分，考虑到本层楼用户的使用，还考虑到高于本层楼用户的观赏需求，设置了活动广场，配置水景、花架、景墙和休闲木平台等，动静适宜。

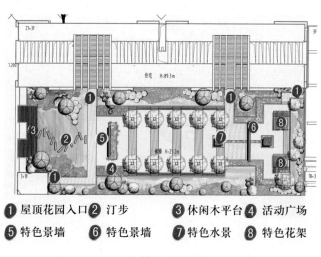

❶ 屋顶花园入口 ❷ 汀步　　❸ 休闲木平台 ❹ 活动广场
❺ 特色景墙　　❻ 特色景墙　❼ 特色水景　❽ 特色花架

图 3-6-21　裙楼屋顶花园区平面图

图 3-6-22　裙楼屋顶花园区效果图

5. 铺砖与植物

该饭店的铺砖（图 3-6-23）与植物（图 3-6-24 至图 3-6-28）在材料的选择上力求精致，形状整洁，色彩丰富而协调，风格统一。

图 3-6-23　铺砖意向图

图 3-6-24　植物意向图（乔木）

图 3-6-25　植物意向图（灌木一）

图 3-6-26　植物意向图（灌木二）

南天竹　金叶女贞　花叶玉簪　六月雪

红花檵木　花叶络石　花叶良姜　紫花地丁

图 3-6-27　植物意向图（地被一）

粉花绣线菊　月季　紫叶小檗　萱草

鸢尾　丝兰　葱兰　小蚌兰

图 3-6-28　植物意向图（地被二）

项目小结

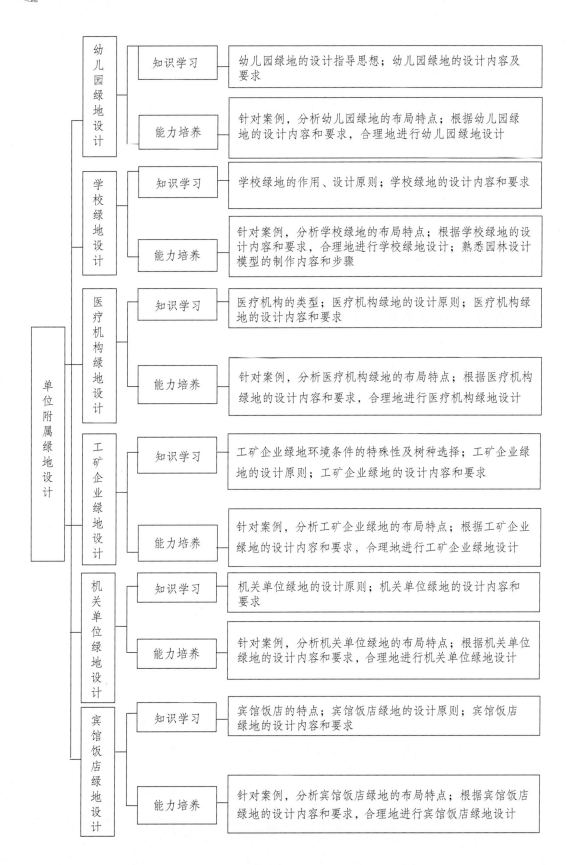

幼儿园绿地设计	知识学习	幼儿园绿地的设计指导思想；幼儿园绿地的设计内容及要求
	能力培养	针对案例，分析幼儿园绿地的布局特点；根据幼儿园绿地的设计内容和要求，合理地进行幼儿园绿地设计
学校绿地设计	知识学习	学校绿地的作用、设计原则；学校绿地的设计内容和要求
	能力培养	针对案例，分析学校绿地的布局特点；根据学校绿地的设计内容和要求，合理地进行学校绿地设计；熟悉园林设计模型的制作内容和步骤
医疗机构绿地设计	知识学习	医疗机构的类型；医疗机构绿地的设计原则；医疗机构绿地的设计内容和要求
	能力培养	针对案例，分析医疗机构绿地的布局特点；根据医疗机构绿地的设计内容和要求，合理地进行医疗机构绿地设计
工矿企业绿地设计	知识学习	工矿企业绿地环境条件的特殊性及树种选择；工矿企业绿地的设计原则；工矿企业绿地的设计内容和要求
	能力培养	针对案例，分析工矿企业绿地的布局特点；根据工矿企业绿地的设计内容和要求，合理地进行工矿企业绿地设计
机关单位绿地设计	知识学习	机关单位绿地的设计原则；机关单位绿地的设计内容和要求
	能力培养	针对案例，分析机关单位绿地的布局特点；根据机关单位绿地的设计内容和要求，合理地进行机关单位绿地设计
宾馆饭店绿地设计	知识学习	宾馆饭店的特点；宾馆饭店绿地的设计原则；宾馆饭店绿地的设计内容和要求
	能力培养	针对案例，分析宾馆饭店绿地的布局特点；根据宾馆饭店绿地的设计内容和要求，合理地进行宾馆饭店绿地设计

单位附属绿地设计

项目测试

1. 名词解释

医疗机构绿地的物理作用　医疗机构绿地的心理作用　预警性植物

2. 简答题

（1）单位附属绿地的作用有哪些？

（2）幼儿园绿地植物的选择原则是什么？

（3）幼儿园绿地设计的内容有哪些？

（4）学校绿地的设计原则有哪些？

（5）学校校前区的绿化应注意哪些问题？

（6）学校教学科研区的绿化应注意哪些问题？

（7）医疗机构绿地的设计原则有哪些？

（8）医院门诊部的绿化应注意哪些问题？

（9）医院住院部的绿化应注意哪些问题？

（10）工矿企业绿地环境条件的特殊性有哪些？

（11）工矿企业绿地的设计原则有哪些？

（12）机关单位绿地的设计原则有哪些？

（13）宾馆饭店绿地的设计原则有哪些？

3. 综合分析题

（1）6月份的某一天，江老师去幼儿园接4岁的儿子皮皮放学。来到幼儿园，看到穿着短裤的皮皮膝盖磨破了，老师急忙解释说："江老师，真是对不起，今天在我们园的室外活动场地搞班级活动时，皮皮在滑梯上滑得太快了，一下子冲下来，膝盖处在水泥地面被磨破了一层皮"。请由此分析该幼儿园在室外活动场地设计上的问题。

（2）请选择自己所在城市的一所医院或宾馆，运用所学知识，分析其绿化特点。

（3）小倪同学对"重工业的绿地率20%，而精密仪器工业的绿地率50%"这一点不太赞同，他认为重工业是污染大户，绿地率应该高才对。你是否赞同？请谈谈你的观点。

项目链接

一、单位附属绿地的一般规定

（1）工厂绿地以改善小气候、减轻厂内外污染、发挥减灾功能为主，通过绿地植物的合理搭配，创造卫生、整洁、美观的环境。绿地率不得低于20%，产生有害气体及有污染的企业绿地率不得低于30%，并应设立防护林带。

（2）学校绿地应为师生创造舒适、清洁、美观、充满活力的环境，绿地率不得低于35%。

（3）医院、休（疗）养院（所）应为患者创造舒适、清洁、优美的环境，绿地率不得低于35%。

（4）机关、团体、公共文化设施、部队等绿地要为机关单位营造优美、庄重、典雅、友好的工作环境，绿地率不得低于35%。

（5）单位附属绿地的"树单位"、植物丰富度参数应符合规定，如下表所示。

单位附属绿地的"树单位"、植物丰富度参数表

绿地名称	参考绿地面积 /m²	树单位 / 个	植物丰富度 / 种
机关绿地	5 000	≥ 5	≥ 30
部队、院校绿地	50 000	≥ 6	≥ 60
医院绿地	5 000	≥ 5	≥ 30
清洁型厂区绿地	5 000	≥ 5	≥ 35
污染型厂区绿地	5 000	≥ 9	≥ 20
屋顶绿化	3 000	≥ 2	≥ 20

二、单位附属绿地的一般要求

（1）应根据不同性质类型单位的环境特征及绿化要求，以净化、美化环境为主要功能，选择适宜植物种类，进行科学合理的配置。

（2）公共设施范围内的绿地要考虑人流集散和车辆通行、停放，集中成片绿地宜采用开放式，植物应以落叶乔木为主，景观树、花灌木和地被植物合理搭配，便于游人通行和小憩。

（3）工业、仓储单位厂区应以通风较好的复层结构配置为主，视厂区不同位置选择不同的配置方法。具有一定污染的单位绿地建植，应首选抗污染能力强或杀菌力强的园林植物合理搭配，以利于污染物的扩散、稀释或吸纳。

（4）医院中的园林绿地以营造安静的修养和治疗环境为主，应根据不同区域的功能要求，选择不同的植物配置方式。要注意卫生防护隔离，防止外来烟尘、噪声。

（5）机关、学校等场所绿地以封闭或半封闭型为主，植物配置应体现景观性、适用性，乔、灌、草复层配置，以丰富的绿化层次和四季景观改善局部生态环境。

三、单位附属绿地的种植设计

（1）工业绿地除考虑厂区景观外，重点应考虑防污问题，根据不同污染源选择相应植物。其选择条件为：① 厂区行道树应选择长势旺盛、抗性强的乔木。② 仓储区应选择树干通直、分枝点高的树种，不应种植针叶树及含油质较高的树种。③ 特殊厂区应有针对性地选择对有害气体抗性较强、吸附作用及隔音效果较好的树种。其中：化工厂区应选择抗性强、生长快、低矮的树木；高温厂区应选择高大的阔叶乔木及色浓味香的花灌木；噪声大的厂区应选择枝叶茂密、分枝点低的乔灌木密植，形成隔音带；制药厂、食品厂、水厂、精密仪器制造厂的厂区应选择无飞絮、无花粉、落叶整齐的树种，结合低矮地被植物和草坪；厂区污染源地带可适量种植一些对污染源敏感的植物，以监测环境污染程度。

（2）工矿企业区的卫生隔离林带宽度应根据污染等级来确定。一级林带宽度应不低于1 000 m，最低的五级林带宽度应不低于50 m。应选用对有害物质抗性强或吸附作用强的树种。在污染严重的林带内，不宜种植粮、菜、果树、油料等作物，以免食用而引起慢性中毒。

（3）医院绿地的绿化布局应满足各组成部分功能要求，植物配置采用多种形式，为减少道路灰尘、烟尘及噪声，应在医院周围种植乔灌木。

（4）学校绿化以体现景观、休憩、活动为主要功能，植物配置要反映季相变化。

（5）机关、团体、公共文化设施等其他附属绿地绿化，可适当引种观赏性、功能性强的树种，不宜选择速生早衰或生长过于缓慢的树种。沿街单位透空围栏要结合内外绿化条件，选择开花、彩叶植物；对围栏内房屋墙体和栏杆实施立体绿化，拓展和丰富道路景观。

屋顶花园设计

项目导入

　　袁琳的伯父在市内一家建材公司担任经理，端午节后的一天打电话说他公司的办公楼屋顶花园漏水，叫袁琳请她的专业老师来公司帮忙看一下。第二天，袁琳邀请黄老师一起来到她伯父的公司，黄老师仔细查看了现场，之后拿着屋顶花园的设计图纸又研究了一番，然后很肯定地说是由于屋顶花园的假山水池没有按规定设计在承重柱的位置附近，时间一长，屋顶楼板受重压发生变形，从而导致屋顶花园漏水，必须及时拆除假山水池，否则会影响楼体安全。

　　随着人们生活水平的提高，人们对工作和居住环境提出了更高的要求。屋顶被称为城市建筑的"第五面"，营造屋顶花园可以丰富城市的绿化景观，提高城市的生态效益，增加城市的绿化容量，健全城市的生态系统。为了减轻屋顶花园传递给建筑结构的荷载，对于较大的荷重和造园设施，如高大的乔木种植池台、假山、雕塑、水池，应尽量放置在承重大梁、墙、柱之上，并注意合理分散荷重，避免出现楼板受压变形导致漏水甚至更为严重的后果。

　　本项目主要通过屋顶花园的设计能力培养，使同学们熟悉屋顶花园的构造和要求，理解屋顶花园的设计原则，会做屋顶花园的设计。

　　本项目的学习内容为：设计屋顶花园。

任务　设计屋顶花园

知识：1. 熟悉屋顶花园的构造和要求。

　　　2. 理解屋顶花园的设计原则。

技能：1. 能够现场分析屋顶花园的构造特点。

　　　2. 会设计屋顶花园。

一、屋顶花园概述

1. 屋顶花园的概念

科学技术和现代建筑发展的趋势之一就是要求建筑与自然环境协调，把更多的绿化空间引入建筑空间，为人们创造别具特色的活动空间。这在当今建筑和风景园林科学技术飞速发展的形势下，为营造屋顶花园创造了有利条件。

屋顶花园是一种不与自然大地相连接、位于建筑物顶部空间的绿化形式，它的种植土一般由人工合成堆筑。屋顶花园还可以广泛地理解为在各类建筑物、构筑物、城围、桥梁（立交桥）等的屋顶、露台、阳台或大型人工假山山体上进行造园，种植树木花卉。它与露地造园和植物种植的最大区别就在于屋顶花园是把露地造园和植物种植等园林工程搬到建筑物或构筑物之上。

2. 屋顶花园的发展历程

屋顶花园的出现，最早可以追溯到公元前 2 000 多年，在古代幼法拉底河下游地区（即现在的伊拉克）古代苏美尔人建造的古老名城之一 —— UR 城，曾建造了雄伟的亚述古庙塔，或称"大庙塔"，就是被后人称为屋顶花园的发源地。亚述古庙塔主要是一个大型的宗教建筑，其次才是用于美化的"花园"，它包括层层叠进并种有植物的花台、台阶和顶部的一座庙宇。因为塔身上仅有一些植物而且又不是在"顶"上，所以花园式的亚述古庙塔并不是真正的屋顶花园。

被人们称为真正屋顶花园的是在亚述古庙塔以后约 1 500 年才出现的世界七大奇迹之一——"古巴比伦空中花园"（图 4-1-1）。传说公元前 604—562 年，新巴比伦国王尼布甲尼撒二世为他的王妃建造了"空中花园"，以解除王妃的思乡之苦。但 19 世纪英国学者经研究提出"空中花园"指的是亚述国王辛那赫里布在其都城尼尼微修筑的皇家园林。所谓"空中花园"，就是在平原地带堆筑土山，并用石柱、石板、砖块、铅饼等垒起每边长 125 m、高达 25 m 的台子，在台上层层建造宫室，处处种植花草树木。为了使各层之间不渗水，就在种植花木的土层下，先铺设石板，然后铺浸透柏油的柳条垫，再铺两层砖和一层铅饼，最后盖上厚 4~5 m 的腐殖土，这样不仅可以种植花草灌木，还可以种植较高大的乔木。国王还动用人力将河水引上屋顶花园，除供花木浇灌之外，还可形成屋顶溪流和人工瀑布。"空中花园"实际上是一个建造在人造土石林之上，具有居住、游乐功能的园林式建筑体，这是世界园林史上第一个悬离地面的花园。

遗址　　　　　　　　　　　　　　想象图

图 4-1-1　世界七大奇迹之一——"古巴比伦空中花园"

我国古代建筑在屋顶上大面积种植花木、营造花园的尚不多见。据《古今图书集成》记载，古代南京古城墙上曾栽种过树木。距今 500 年前，明代建造的山海关长城上栽种了成排的松柏树（《中国古代建筑技术史》）。公元 1526 年，明嘉靖年间建造的上海豫园中的大假山上及快楼前，均栽种了较大的乔木。

纵观中外古代建筑发展史，我国古代形成了传统的坡屋顶形式和采用木构架的结构承重。而坡屋顶上不宜营造屋顶花园，木结构也难以承受绿化种植土的重量，况且木材较易腐烂，这可能是我国至今尚未发现较有规模的屋顶花园遗迹的主要原因。而古希腊、罗马在几千年前使用的建筑材料多为石料，石料建造屋顶多采用拱券式，这就为承受较大荷载的屋顶造园提供了有利条件。

美国加利福尼亚州奥克兰市于 1959 年在凯泽中心的屋顶上，建成面积达

12 000 m² 的屋顶花园（图4-1-2），被人们认为是与古巴比伦"空中花园"相媲美的现代屋顶花园。这座屋顶花园的设计，既考虑到屋顶结构负荷、土层深度和植物选择、园林用水等技术问题，也考虑到高空强风以及毗邻高层建筑的俯视效果等技术和艺术要求，在屋顶花园营造技术上取得重大突破。

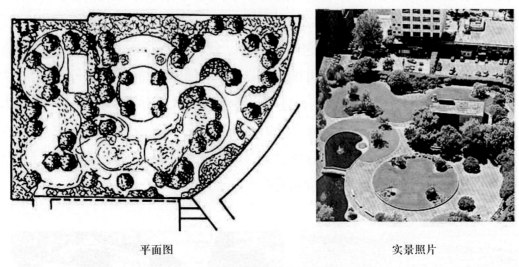

平面图　　　　　　　　实景照片

图 4-1-2　凯泽中心屋顶花园平面图

对于荷重问题，凯泽中心屋顶花园采取了以下解决方法：① 园内构筑物全部采用轻质混凝土；② 乔木定点于承重柱所在的位置上；③ 种植土中所需的砂用粉碎多孔页岩代替；④ 种植土厚度控制在最低限度，草皮等低矮地被植物土深为16 cm，乔木土深度为76 cm，两者之间以斜坡过渡。

近二十年来，日本正兴起让建筑物"头顶花园，身披绿装"的屋顶花园热。由于东京是世界上人口最密集的城市之一，空间狭小，人们开展了绿化"钢铁"和"水泥"的活动，东京都城市建设管理部门规定兴建大型建筑设施必须有相当的绿化面积，并采取提供低息贷款的方式鼓励修建屋顶花园。

3. 我国屋顶花园的发展概况

1949 年前，在上海、广州等口岸城市，个别小洋楼屋顶平台上，种植些花草，摆放些盆花等均为在原有平顶露台上进行，不是按建楼的规划设计修建的屋顶花园。我国自 20 世纪 60 年代才开始研究屋顶花园和屋顶绿化的建造技术。随着旅游事业的大发展，全国各地大量修建宾馆、饭店。另外，为了改善城市生态环境，增加城镇的人均绿地面积，屋顶花园才真正进入城市建设规划设计和建造范围。

与西方发达国家相比，我国早期的屋顶花园和绿化，由于受到基建投资、建造技术和材料等的影响，仅在南方个别省市和地区原有建筑物的屋顶平台上改建成屋顶花园。开展较早的城市有重庆、成都、广州、上海、深圳、武汉。广州东方宾馆的屋顶花园于 20 世纪 70 年代建成，是我国第一个大型屋顶花园，此外又陆续建成了广州中国大酒店屋顶花园（图 4-1-3）、北京望京新城车库屋顶花园、上海华庭宾馆屋顶花园、重庆泉外楼屋顶花园、成都大悦城屋顶花园、北京长城饭店屋顶花园、北京首都宾馆屋顶花园等。步入 21 世纪，北京、上海、杭州、深圳、广州、青岛等城市相继开展了大规模的屋顶花园营建工作，从空中俯瞰这些城市，建筑的屋顶就像绿色的海浪一样跌宕起伏，碧绿一片。

小桥卧波　小桥与流水，一静一动，平添无限生机

屋顶小亭　琉璃黄瓦，在绿丛中熠熠生辉

假山瀑布　尽端的瀑布，宛若天开

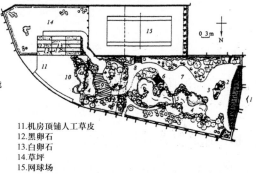

1.入口
2.橄榄形花架廊
3.花坛
4.水池
5.小拱桥
6.休息亭
7.斩假石地面
8.塑竹花架
9.平台
10.塑石山瀑布
11.机房顶铺人工草皮
12.黑卵石
13.白卵石
14.草坪
15.网球场

屋顶园林景观　屋顶上树木林立，一派热带风情

花园鸟瞰　花园中央开敞，小中见大

榄核型花架　花架别具一格，是室内向屋顶花园的过渡

图 4-1-3　广州中国大酒店屋顶花园

二、屋顶花园的构造和要求

屋顶花园的剖面分层是：植物层、种植土层、过滤层、排水层、防水层、保温隔热层和结构承重层等（图 4-1-4）。

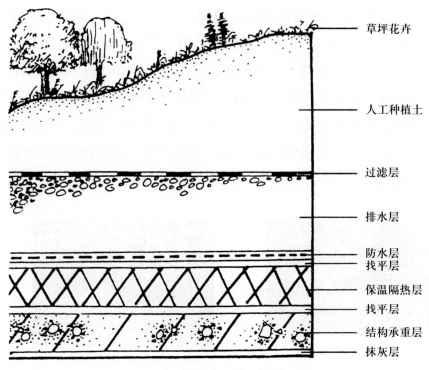

　　草坪花卉

　　人工种植土

　　过滤层

　　排水层

　　防水层
　　找平层

　　保温隔热层

　　找平层

　　结构承重层

　　抹灰层

图 4-1-4　屋顶花园构造剖面

1. 种植土

为减轻屋顶的附加荷重，种植土常选用经过人工配置的，既含有植物生长必需的各类元素，又含有比露地耕土容重小的种植土。

国内外用于屋顶花园的种植土种类很多，如日本采用人工轻质土壤，其土壤与轻骨料（蛭石、珍珠岩、煤渣和泥炭等）的体积比为 3 : 1；它的容重约为 1 400 kg/m³，根据不同植物的种植要求，轻质土壤的厚度为 15~150 cm。英国和美国均采用轻质混合人工种植土，主要成分是：沙土、腐殖土、人工轻质材料，其容重为 1 000~1 600 kg/m³。混合土的厚度一般不得少于 15 cm。

2. 过滤层

过滤层的材料种类很多。美国 1959 年在加州建造的凯泽大楼屋顶花园，过滤层采用 30 mm 厚的稻草；1962 年美国建造的另一个屋顶花园，则采用玻璃纤维布做过滤层。日本也有用 50 mm 厚的粗沙做屋顶过滤层的。北京长城饭店和新北京饭店屋顶花园，过滤层选用玻璃化纤布，这种材料既能渗漏水分又能隔绝种植土中的细小颗粒，而且耐腐蚀、易施工，造价也便宜。

3. 排水层

屋顶花园的排水层设在防水层之上、过滤层之下。屋顶花园种植土积水和渗水可通过排水层有组织地排出屋顶。通常的做法是在过滤层下用 100~200 mm 厚的轻质骨料铺成排水层，骨料可用砾石、焦渣和陶粒等。屋顶种植土的下渗水和雨水通过排水层排入暗沟或管网，此排水系统可与屋顶雨水管道统一考虑。它应有较大的管径，以利清除堵塞。在排水层骨料选择上要尽量采用轻质材料，以减轻屋顶自重，并能起到一定的屋顶保温作用。美国加州太平洋电讯大楼屋顶花园采用陶粒做排水层；北京长城饭店屋顶花园采用 200 mm 厚的砾石做排水层；也有采用 50 mm 厚的焦渣做排水层的。新北京饭店贵宾楼屋顶花园选用 200 mm 厚的陶粒做排水层（图 4-1-5），而北京望京新城车库采用排水板排水也取得了良好的效果（图 4-1-6）。

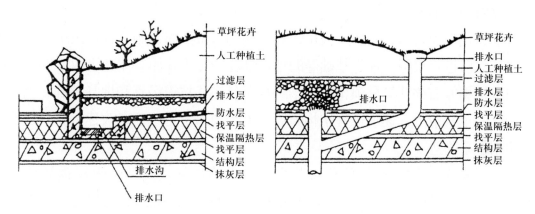

图 4-1-5　屋顶花园排水构造

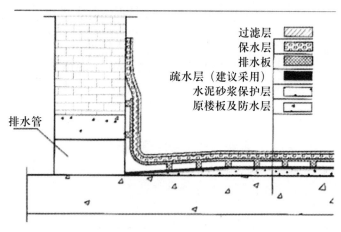

图 4-1-6　利用排水板的屋顶花园排水系统施工示意图

4. 防水层

屋顶花园防水处理成败与否将直接影响建筑物的正常使用。屋顶防水处理一旦失败，必须将防水层以上的排水层、过滤层、种植土、各类植物和园林小品等全部取出，才能彻底发现漏水的原因和部位。因此，建造屋顶花园应确保防水层的防水质量。

传统屋面防水材料多用油毡。油毡暴露在大气中，气温交替变化，使油毡本身、油毡之间及与砂浆垫层之间的粘接发生错动以至拉断；油毡与沥青本身也会老化，失去弹性，从而降低防水效果。而屋顶花园有人群活动施压；除防雨、防雪外，灌溉用水和人工水池用水较多；排水系统又易堵塞，因而要有更牢靠的防水处理措施，最好采用新型防水材料。

另外，应确保防水层的施工质量。无论采用哪种防水材料，现场施工操作质量好坏直接关系到屋顶花园成败。因此，施工时必须制定严格的操作规程，认真处理好材料与结构楼盖上水泥找平层的粘接及防水层本身的接缝，特别是平面高低变化处、转角及阴阳角的局部处理，应粘接妥帖、牢靠。

5. 结构承重层

对于新建屋顶花园，需按屋顶花园的各层构造做法和设施，计算出单位面积上的荷载，然后进行梁板、柱、基础等的结构计算。至于在原有屋顶上改建的屋顶花园，则应根据原有的建筑屋顶构造、结构承重体系、抗震级别和地基基础、墙柱及梁板构件的承载能力，逐项进行结构验算。不经技术鉴定或任意改建，将给建筑物安全使用带来隐患。

（1）活荷载：按照现行荷载规范规定，人能在其上活动的平屋顶活荷载为 150 kg/m²。供集体活动的大型公共建筑可采用 250～350 kg/m² 的活荷载标准。除屋顶花园的走道、休息场地外，屋顶上种植区可按屋顶活荷载数值取用。

（2）静荷载：屋顶花园的静荷载包括植物种植土、过滤层、排水层、防水层、保温隔热层、结构层等自重及屋顶花园中常设置的山石、水体、廊架等的自重，其中以种植土的自重最大，其值随植物种植方式不同和采用何种种植土而异（表 4-1-1，表 4-1-2）。

表 4-1-1　各种植物的荷载

植物名称	最大高度 /m	荷载 /（kg/m²）
草坪	—	5.1
矮灌木	1	10.2
1～1.5 m 灌木	1.5	20.4
高灌木	3	30.6
大灌木	6	40.8
小乔木	10	61.2
大乔木	15	153.0

表 4-1-2 种植土及排水层的荷载

分层	材料	1 cm 基质层荷载 / (kg/m^2)
种植土	土 2/3, 泥炭 1/3	15.3
	土 1/2, 泡沫物 1/2	12.24
	纯泥炭	7.14
	重园艺土	18.36
	混合肥效土	12.24
排水层	沙砾	19.38
	浮石砾	12.24
	泡沫熔岩砾	12.24
	石英砂	20.4
	泡沫材料排水板	5.1~6.12
	膨胀土	4.08

此外，对于高大沉重的乔木、假山、雕塑等，应位于受力的承重墙或相应的柱头上，并注意合理分散布置，以减轻花园重量。

三、屋顶花园的设计原则

1. 安全

"安全"是屋顶花园的保证。在露地造园中，"安全"不是突出问题，但屋顶花园是将露地的花园搬到建筑物的屋顶上，屋顶花园能否建造的先决条件是：建筑物是否能安全地承受屋顶花园所加的荷重。这里所指的"安全"包括结构承重和屋顶防水构造的安全使用，以及屋顶四周的防护栏杆的安全等。如果屋顶花园所附加的荷重超过建筑物的结构构件——板、梁、柱墙、地基基础等的承受能力，则将影响房屋的正常使用和安全。这时，此幢建筑物的屋顶上就不能建造或改建、增建屋顶花园，否则必须先层层加固各有关结构构件，直至建筑物相关构件的结构强度满足建造要求。另外，为了减轻屋顶花园传给建筑结构的荷载，对于较大的荷重和造园设施，如高大的乔木种植池台、假山、雕塑、水池，应尽量放置在承重大梁、墙、柱之上，并注意合理分散荷重，避免将荷重布置在梁间的楼板上。屋顶花园上建造园林建筑如亭、廊、花架及园林小品，受到屋顶结构体系、主次梁及承重墙柱位置的限制，必须在满足房屋结构安全的前提下，进行布点和建造。

　　需要警惕的是，建造屋顶花园虽然有保护屋顶防水层的作用，但是，屋顶花园的造园过程是在已完成的屋顶防水层上进行。在极为薄弱的屋顶防水层上进行园林小品土木工程施工和经常的耕种作业，极易造成破坏，使屋顶漏水，引起极大的经济损失。

　　屋顶花园另一方面的安全问题是屋顶四周的防护。屋顶上建造花园必须设有牢固的防护措施，以防人物落下伤人。屋顶女儿墙虽可以起到栏杆作用，但必须超过110 cm才可保证人身安全。若不足则应加高，并按结构计算校核其悬臂强度。为了在女儿墙上建造种植池增加绿化带，可结合女儿墙修建砖石或混凝土条形种植池。值得注意的是，花池、花斗会产生倾覆作用。在对女儿墙体验算时，应考虑增加倾覆荷载。屋顶花园四周使用漏空铁栏杆时，游人可扶栏杆观景，因此，必须考虑人对栏杆产生的水平推力（图4-1-7）。

图 4-1-7　屋顶花园防护栏杆

2. 适用

　　"适用"是屋顶花园的造园目的。建造屋顶花园的目的，是改善城市的生态环境，为人们提供良好的生活和休息场所。衡量一座屋顶花园的好坏，除满足不同的使用要求外，绿化覆盖率必须保证在50%～70%以上。只有保证了一定数量的植物，才能发挥绿化的生态效益、环境效益和经济效益。从某种意义上讲，屋顶花园上植物种植的多少，是屋顶花园"适用"的先决条件。

3. 精美

　　"精美"是屋顶花园的特色。屋顶花园要为人们提供优美的游憩环境，因此，它应比露地花园建造得更精美（图4-1-8）。屋顶花园的景物配置、植物选配均应是当地的精品，并精心设计植物造景的特色。由于场地窄小，道路迂回，屋顶上的游人路线、建筑小品的位置和尺度，更应仔细推敲，既要与主体建筑物及周围大环境保持协调一致，又要有独特的园林风格。因此，屋顶花园的"美观"应放在屋顶造园设计与建造的重要位置，不仅在设计时，而且在施工管理和材料上均应处处精心。

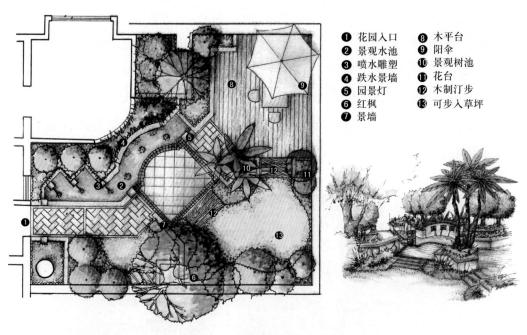

① 花园入口　　⑧ 木平台
② 景观水池　　⑨ 阳伞
③ 喷水雕塑　　⑩ 景观树池
④ 跌水景墙　　⑪ 花台
⑤ 园景灯　　　⑫ 木制汀步
⑥ 红枫　　　　⑬ 可步入草坪
⑦ 景墙

图 4-1-8　精美的屋顶花园设计

四、屋顶花园的设计内容和要求

在屋顶上造园是一种特殊的园林形式，一切造园要素都受到支撑它的屋顶结构的限制，不能像在地面上那样随心所欲地运用造园因素进行设计。设计时应因"顶"制宜，巧妙利用主体建筑物的屋顶、平台、阳台、窗台、檐口、女儿墙和墙面等开辟绿化场地，并使这些绿化形式具有园林艺术的感染力，既源于露地造园，又别于露地，充分运用植物、微地形、水体和园林小品等造园要素，组织屋顶花园的空间。可采取借景、组景、点景、障景等造园技法，创造出不同使用功能和性质的屋顶花园环境。要发挥屋顶花园位势居高临下、视点高、视域宽广的特点，对屋顶花园内外各种景物，"嘉则收之""俗则屏之"。与露地造园一样，屋顶上也可以有起伏的微地形形成的植物种植区，适宜的叠石、喷泉、水浅池，小巧精美的小桥亭廊及动人的石雕塑，还可运用我国古典园林造园技法，营造出别具特色的地方韵味。

由于屋顶花园的空间布局受建筑固有平面的限制，屋顶平面多为规则、狭窄且面积较小的平面，屋顶上的景物和植物选配又受到建筑结构承重的制约。因此，屋顶花园与露地造园相比，其设计复杂又关系到相关工种的配合。园林设计、建筑设计、建筑构造、建筑结构和水电等工种配合的协调是屋顶花园成败的关键。由此可见，屋顶花园的设计是一项难度大、限制多的园林设计项目。

1. 园路设计

屋顶花园的园路是联系各景物的纽带，是全园的脉络，也是整个屋顶花园构成的重要因素。它引导游路、观景、停憩，应把园路视为整个屋顶花园构图的组成部分。因为，它可以具有优美的曲线和丰富多彩路面材料所构成的色彩，俯视屋顶花园、鸟瞰整体效果时，由园路和场地组成的图案具有屋顶其他景物所不能代替的直观效果（图4-1-9）。

图 4-1-9　屋顶花园设计鸟瞰效果图

园路设计要求首先在满足使用的前提下，着重强调它的流畅性和便捷性，并应与造园的意境相结合，根据所处环境选择构图形式、色彩和材料。其次，园路铺装面材应具有柔和的光线色彩，减少反光和刺眼，并与所处地形、植物、山石小品等协调一致。园路还常被作为屋顶排水的通道，因此应注意其坡度设计，防止路面和场地积水。

2. 水体设计

水是园林中不可缺少的要素。屋顶花园中，各种水体工程是重要组成部分。形体各异的水池、叠水和喷泉为屋顶有限空间提供观赏景物。特别是以中国古典山水园为造园基调的屋顶花园，水体更是常用的造景手法。

屋顶花园中的水池因受到场地和承重限制，多建造成浅矮的小型观赏池。其形状随造园基调可设计成自然式、规则式或混合式（图4-1-10），池水深度一般为300～500 mm，它主要受限于屋顶承载能力。如果房屋结构承重容许，也可以设计更深的水池以适应流动水体变化和养鱼等需要。水池材料最好采用钢筋混凝土的池底和池壁，如果采用砖砌水池，则必须处理好由于屋顶温度变化使水池产生的温度裂缝。在我国南方常年无结冰问题，只要池内不撤水，池底池壁经常处于水体养护之

自然式　　　　　　　　　　　规则式

图 4-1-10　屋顶花园中的水池

下，水池就不易出现裂缝。但我国北方各省屋顶水池冬季必须撤水，水池极易冻裂。因此，即使采用钢筋混凝土建造，在冬季撤水后，也应用稻草等防寒材料保护过冬。为了防止屋顶水池漏水，可采用在水池内壁临时铺垫一层塑料布的简易方法。

3. 假山置石设计

屋顶花园置石与露地造园的假山工程相比，前者仅作独立性或附属性的造景布置，只能观不能游，而后者是以造景游览为主要目的。因为屋顶上空间有限，又受到结构承重能力的限制，不宜在屋顶上兴建大型可观可游的、以土石为主要材料的假山工程。所以在屋顶花园上仅宜设置以观赏为主、体量较小而分散的精美置石。可采用特置、对置、散置和群置等布置手法，结合屋顶花园的用途、环境和空间，运用山石小品作为点缀园林空间和陪衬建筑、植物的手段。独立式精美置石一般占地面积小，由于它为集中荷重，其位置应与屋顶结构的梁柱结合。为了减轻荷重，在屋顶上建造较大型假山置石时，多采用塑假石做法（图 4-1-11），塑石可用钢丝网水泥砂浆塑成或用玻璃钢成型。小型屋顶花园中，最常采用的是石笋、石峰等置石。

图 4-1-11　屋顶花园中的塑假石

4. 园林建筑与小品设计

屋顶花园上的主体是绿色植物，园林建筑与小品仅为园林造景的手法之一，不应使屋顶花园成为园林建筑和小品的展台。

屋顶花园上建造园林建筑与小品，以少、小、轻为宜。应构思新颖、造型灵巧，并结合所处空间环境，讲究得体合宜的有趣布局，使有限的屋顶环境质量韵出新声。建筑形式以有地方特色和乡土风格为适宜。建筑体量与尺度要结合环境空间慎重推敲，应避免傻大黑粗的建筑实体和众多的建筑群体出现在窄小的屋顶空间。

（1）园林建筑

为了丰富屋顶花园上的园林环境，并为游人提供休息和停留场所，建造少量、小型的亭廊是适宜的。这些小型园林建筑虽不能称为屋顶花园的主体，但可以成为屋顶上观景的中心和主景。亭廊较适合在屋顶花园上建造，它可独立存在，又可结合成亭廊组合（图4-1-12）。

图 4-1-12 屋顶花园中的亭廊

（2）园林小品

屋顶花园上除植物、水体和少量的亭廊建筑外，各类园林小品作为屋顶空间环境的点缀，也可发挥增添景效的作用。一个通透的花窗、一组精美的花隔墙、一盏灵巧的圆灯、一座构思独特的石雕，以及小憩的座椅等，这些屋顶花园中的小品，无论依附于景物或者相对独立，均应经艺术加工精心琢磨，才能适合屋顶花园的特定环境，形成剪裁得体、配置适宜、小而不贱、从而不卑、相得益彰的园林景致。运用园林小品把周围与外界的景色组织起来，使屋顶花园的意境更为生动，更富诗情画意。从塑造环境空间的角度出发，巧妙地运用于组景，以达到提高整体环境和小品本身鉴赏价值的目的。

5. **种植设计**

无论哪种使用要求和形式，屋顶花园上的绿色植物都应是主体。也就是说，在屋顶有限的面积和空间内，各类草坪、花卉、树木所占的比例应在30%以上。当然，如果屋顶用于农副业生产，种植瓜菜、水果、药材等，其绿色覆盖率将超过此比值。

（1）种植区的形式

屋顶花园既然要保持一定数量的绿色植物，就必须在屋顶上建造使各类植物赖以生长的种植区。只在屋顶上摆放几盆盆花，不能达到屋顶花园的理想环境和效果。因此设计形状各异、深浅不同的种植区（池），是屋顶花园设计的一项重要内容。

　　◢ 规则式种植区：采取花池（花坛、花台）的种植形式，常见的形状有方形、长方形、圆形、菱形、梅花形等，应根据屋顶具体环境和场地选用。池壁高度要根据植物品种而定，地被只需厚 10～20 cm 的种植土即可生长，大型乔木需厚100 cm 以上的种植土，其种植池也相对的要高些，才能保证树木的正常生长发育。另外，种植池的高矮与屋顶承重能力有关。高大的种植池（坛、台）必须与屋顶承重结构的柱、梁的位置相结合，不得在屋顶上任意摆放。

　　花池（花坛、花台）的材料，应选用有装饰效果的饰面和坚固防水的池体。最常用的是普通黏土砖砌墙体，也可用空心砖横向砌筑，以利于植物生长。为了防水也可用 60～100 mm 厚的混凝土做花池、花台、花坛的池壁。对于较大型的花台、花坛，有时为了造型的需要做成悬挑式台池，这就需要使用钢筋混凝土结构。花池饰面最简单的是用水泥沙浆抹面或水刷石，要求高的多采用贴面砖、石板或花岗岩、大理石等。无论用哪种饰面，都应在设计和施工中采用有效措施防止面层脱落。另外，还要防止池壁泛碱现象，因为日常生活中的自来水碱质会随浇灌渗透到池壁表面，池壁外表出现的白色涸迹十分影响美观。防止的方法是，在花池（花坛、花台）内壁抹一层防水砂浆，既可防水又可防止碱质外涸。当然最有效防止泛碱现象的是解决浇灌水质问题。

　　◢ 自然式种植区：大型屋顶花园，特别是与建筑物同步建造的屋顶花园多采用自然式种植池。这种种植形式与花池（花坛、花台）种植相比有众多的优点。首先，它可以进行较大面积的绿化，种植区内可根据地被花灌木、乔木的品种和形态，形成一定的绿色生态群落，这是屋顶上最受欢迎的造景。其次，可利用种植区所种的不同植物需求、不同种植土深度，使屋顶出现局部微地形变化，它增加了屋顶造景层次。微地形既适合种植的要求，又便于屋顶排水。第三，自然式种植区与园路结合，可使中国造园基本特点得以体现。中国传统园林是以自由、变化、曲折为特点，曲折的园路与变化起伏的地形可以延长游览路线，达到步移景异的造景效果。

　　（2）土壤深度

　　各类植物生长的最小土层厚度与荷载值如图 4-1-13。

　　（3）植物选择

　　屋顶造园土层较薄而风力又比地面大，易造成植物的"风倒"现象，故应选取适应性强、植株矮小、树冠紧凑、浅根但不易倒伏的植物。由于大风对栽培土有一定的风蚀作用，所以绿化栽植最好选取在背风处，至少不要位于风口或有很强穿堂风的地方。

　　屋顶造园的日照要考虑周围建筑物对植物的遮挡，在阴影区应配置耐阴或阴生植物，还要注意防止由于建筑物对于阳光的反射和聚光，发生植物局部被灼伤的现

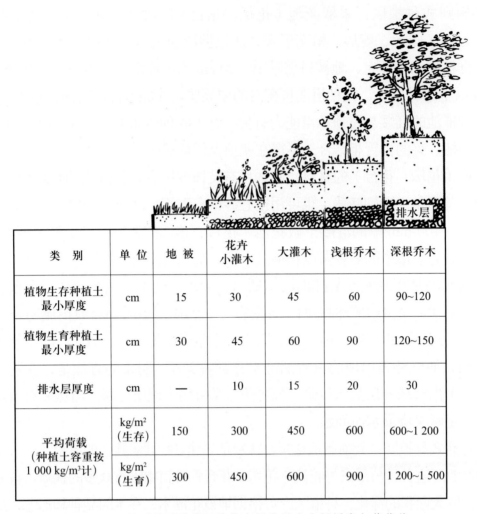

类　别	单位	地被	花卉 小灌木	大灌木	浅根乔木	深根乔木
植物生存种植土 最小厚度	cm	15	30	45	60	90~120
植物生育种植土 最小厚度	cm	30	45	60	90	120~150
排水层厚度	cm	—	10	15	20	30
平均荷载 （种植土容重按 1 000 kg/m³计）	kg/m² （生存）	150	300	450	600	600~1 200
	kg/m² （生育）	300	450	600	900	1 200~1 500

图 4-1-13　屋顶花园种植区植物生长的最小土层厚度与荷载值

象。最好选择耐寒、耐旱、养护管理方便的植物。

总之，理想的屋顶花园，应像平地上的花园一样进行设计，有起伏的地形，丰富的树木花草、叠石流水、小桥亭榭，并充分利用各种种植手段，体现出屋顶造园的独特风格。

能力培养

屋顶花园设计训练
——以广东某学院屋顶花园设计方案为例

1. 任务分析
本项目位于广东某学院实训中心的五楼楼顶，周边群山环绕，视野开阔。楼顶边界有 0.8 m 高的女儿墙，楼顶中心有一圆形的廊架，面积约 120 m²，楼顶的西面是大楼的楼梯间和工具房（图 4-1-14）。根据以上所述，本方案尊重项目现状，力求营造一个舒适、优美、雅致、独特的育人空间。

1、2：天台现状，楼梯间和工具房
3、4：天台原有景墙和廊柱
5、6：天台北部全景

图 4-1-14　现状图片

2. 设计构思

本案设计面积约 600 m²，设计风格宜采用简约现代的手法，结合周边环境，营造清新、时尚、简洁的优美景色。在造园手法上，采用点线面合理布局，通过软硬、高低、色彩的变化和小品点缀，运用平台、景墙、水景、亭廊、花木、置石等元素，营造出内涵丰富、寓教于游的休闲活动场所及实践教学场所。

3. 设计原则

（1）适用

设计场地是学院实训楼的五层楼顶，因此场地的布局和功能划分要根据屋顶花园的特点来布置，使之合理、实用、美观。方案中宜将各种园林造景元素进行合理的设计布局，以满足景观要求，并实现教学目的。

（2）经济

选择材料以经济美观、环保节能为原则，在控制成本的范围内创造出最大使用价值。

（3）安全

必须严格按照屋顶花园荷载要求进行设计，本案在铺装设计上拟采用架空手法。在绿化设计上，较大规格的花木以近梁柱种植为原则，以满足荷载要求。

（4）适树

屋顶花园有阳光充足、风大而强的特征，应选择美丽针葵、苏铁、勒杜鹃等浅根、喜光、易养、抗风的花木品种。

4. 方案设计

本项目主要由位于屋顶花园中心的下沉式浮雕广场、组合平台、花架亭三大部分构成。

浮雕广场是花园的最大活动场地，为花园的主景。广场铺装采用防腐木，舒适、亲近而温暖。广场主景是一面以教育为主题的浮雕墙，墙下是亲水的荷花池，两旁环绕着树阵，整齐而有活力，象征着莘莘学子的奋发进取之心。广场两旁是自然式的绿地，配以置石和花木，富有层次和色彩。

广场的西面是连接屋顶花园出入口和浮雕广场的组合平台，综合运用了花钵、小水景、单臂廊和特色铺装等现代元素。在工具房墙壁旁种植清雅的竹子，透出淡淡的雅致。

广场北面设置花架亭（取名采风亭），与广场用汀步相连，增加游趣。居高临下，既可眺望远处的火炉山森林公园，亦可近赏校园的美景。既可静静地休息、阅读、沐浴阳光，亦可聆听朗朗的读书声，动静两相宜。

方案设计的主要图纸如图4-1-15~图4-1-25。

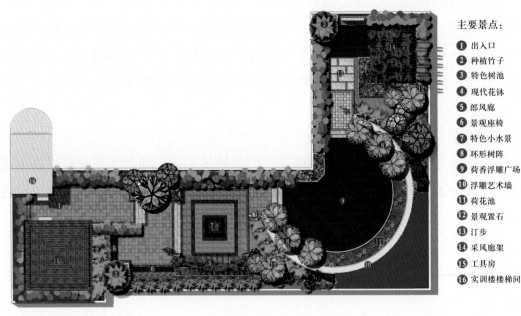

主要景点：
① 出入口
② 种植竹子
③ 特色树池
④ 现代花钵
⑤ 郎风廊
⑥ 景观座椅
⑦ 特色小水景
⑧ 环形树阵
⑨ 荷香浮雕广场
⑩ 浮雕艺术墙
⑪ 荷花池
⑫ 景观置石
⑬ 汀步
⑭ 采风廊架
⑮ 工具房
⑯ 实训楼楼梯间

图4-1-15　景观设计总平面图

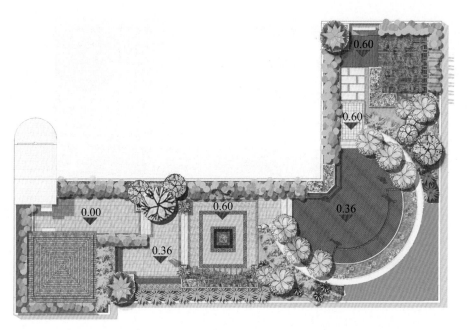

图 4-1-16　竖向设计分析图（单位：m）

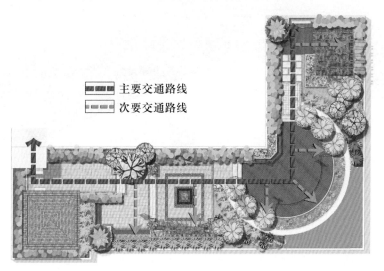

图 4-1-17　交通流分析图

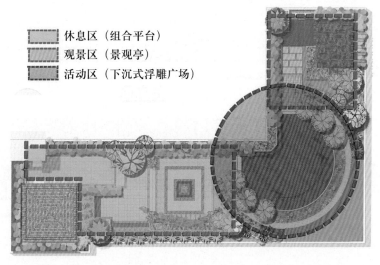

图 4-1-18　功能分区图

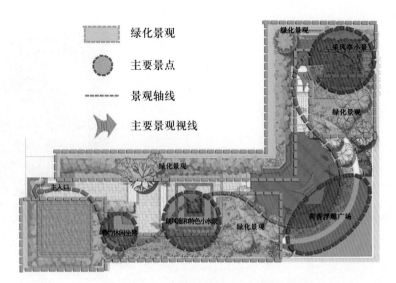

图 4-1-19　景观设计分析图

图 4-1-20　鸟瞰效果图

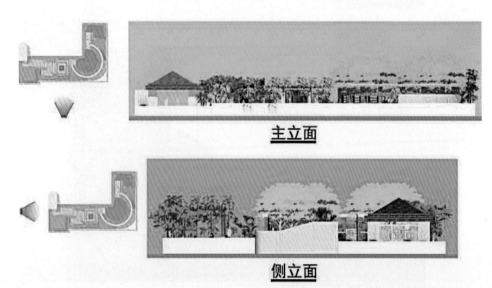

图 4-1-21　立面图

图 4-1-22　下沉式浮雕广场效果图

图 4-1-23　组合平台效果图　　　　　图 4-1-24　花架亭效果图

图 4-1-25　主要植物图片

课后练习

屋顶花园设计：下面为绵阳市某屋顶花园的现状照片（图 4-1-26）及现状图（图 4-1-27），根据已经学习的屋顶花园设计的相关知识，针对该屋顶花园进行设计。

1. 项目概况

该项目位于绵阳市高新区铂金时代楼盘内，项目占地近 4 万 m^2，规划建筑面积达 20 万 m^2，绿化率 35%，容积率 3.78，上万平方米欧式经典中庭园林景观，新古典建筑风格，超宽楼间距。

图 4-1-26 屋顶花园现状照片

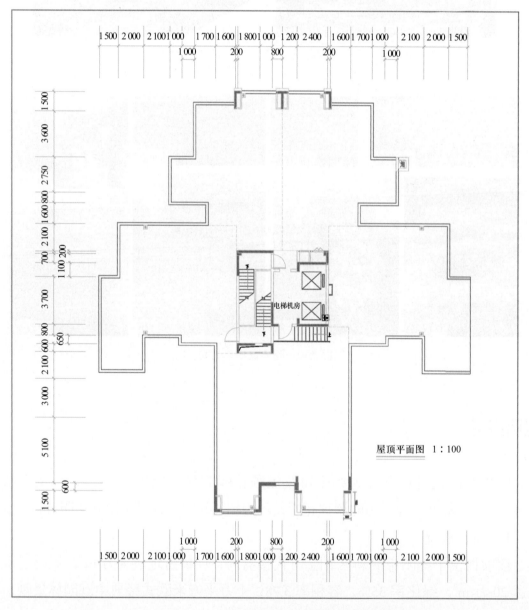

屋顶平面图 1：100

图 4-1-27 屋顶花园现状图（单位：mm）

　　本次设计范围为 6 号楼屋顶，花园面积约 1 000 m²。屋顶花园平面图参见图 4-1-27，该户型为一梯两户，其比例为 1 ∶ 100。请结合屋顶花园设计的相关知识，对本案进行规划设计。

2. 内容要求

业主提出该屋顶花园的设计要体现以下几个特点：

（1）园区内根据功能需要设置全民健身区域，设计乒乓球区域，可为业主提供休闲活动场所。

（2）花园内适当设置亭、廊、花架等园林建筑设施，也可根据设计需要设计茶室等休闲建筑，注意建筑材料的选择，尺寸可自定。

根据已给的资料及业主的要求，对本案屋顶花园进行设计，具体要求如下：

（1）整体方案设计符合屋顶花园的设计原则。

（2）植物品种的选择满足屋顶花园绿化的基本要求。

（3）图纸绘制规范，最终完成屋顶花园规划设计 CAD 平面图 1 张，局部效果图 1~2 张。

任务完成后，同学们需填写本任务的设计评价内容（表 4-1-3）和个人学习反馈内容（表 4-1-4）。

表 4-1-3　绵阳市某屋顶花园方案设计评价表

项目组长及责任					
成员及角色分工					
评价类型	职业能力		组内自评	组间互评	教师点评
过程性评价（70%）	专业能力	植配能力（40%）			
		绘图能力（10%）			
	社会能力	工作态度（10%）			
		分工合作（10%）			
终结性评价（30%）	作品的合理性（10%）				
	作品的规范性（10%）				
	作品的完成性（10%）				
总评分	各项评分				
	总评分				
总结评价					

表 4-1-4　本任务中个人学习反馈表

序号	反馈内容	反馈要点	反馈结果			
			优	良	中	差
1	知识与技能	明确本任务的学习目标				
		能否说出屋顶花园的概念和发展历程				
		能否明白屋顶花园的构造和要求				
		能否理解屋顶花园的设计原则				
		是否掌握屋顶花园的设计要点				
2	过程与方法	能否利用多种信息源（二维码、互联网、光盘等）自主学习、查阅相关案例				
		能否通过分组合作完成本项目中的各个任务				
		能否运用本任务相关知识去调查当地屋顶花园植物景观类型				
3	情感、态度和价值观	是否喜欢这种完成任务的方式				
		对自己在本任务中的表现是否满意				
		对本小组成员之间的团队合作是否满意				

请阐述自己在本教学项目中的心得体会：

项目小结

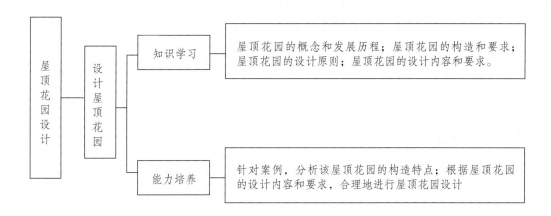

项目测试

1. 名词解释

屋顶花园　活荷载　静荷载

2. 简答题

（1）屋顶花园的作用有哪些?

（2）古巴比伦空中花园有哪些?

（3）我国至今尚未发现较有规模的屋顶花园遗迹的主要原因是什么?

（4）对于荷载问题，美国凯泽中心屋顶花园采取了哪些方法解决?

（5）屋顶花园的剖面分层包括哪些?

（6）屋顶花园的设计原则有哪些?

（7）屋顶花园的园路设计应注意哪些问题?

（8）屋顶花园的水体设计应注意哪些问题?

（9）屋顶花园的假山置石设计应注意哪些问题?

（10）屋顶花园的园林建筑与小品设计应注意哪些问题?

（11）屋顶花园的规则式种植设计应注意哪些问题?

（12）屋顶花园的自然式种植设计应注意哪些问题?

3. 综合分析题

（1）小李同学在做屋顶花园设计练习时，在上风口设计了银杏、白皮松、木棉等深根性树种以防"风倒"。你认为他的植物选择合理吗？请说明理由。

（2）请运用所学知识，实地选择或在网络上选择一个屋顶花园，分析其设计特点。

（3）请举例说明屋顶花园与露地造园的区别与联系。

项目链接

一、屋顶花园的分类

1. 按使用要求分

公共游憩性屋顶花园、赢利性屋顶花园、家庭式屋顶花园，以及以绿化、科研生产为目的的屋顶花园。

2. 按绿化形式分

成片状种植区（地毯式、自由式、苗圃式）、分散和周边式屋顶花园、庭院式屋顶花园。

3. 按屋顶花园的位置分

单层、多层建筑屋顶花园、高层建筑屋顶花园、空间开敞程度（开敞式、半开敞式、封闭式）屋顶花园。

4. 按室内外分

室内屋顶花园和室外屋顶花园。

二、屋顶花园的功能

1. 改善气候环境，避免城市热岛效应

屋顶花园的建造，有效地增加了城市的绿化面积。绿色植物蒸腾水分吸收热量，冷却、净化大气，改善气候环境，从而避免了城市热岛效应的发生。

2. 空间的利用与渗透

将普通的、未被使用的屋顶区域设计为屋顶花园，尤其是作为公共娱乐和运动建筑的屋顶，不仅可以充分利用宝贵的城市空间，同时也降低了购买土地的费用。

屋顶花园的建造，使人们更加接近绿色环境。一般屋顶花园都与居室、起居室、办公室相连，比室外花园更靠近生活。屋顶花园的发展趋势是将绿色引入室内，形成绿色空间向建筑室内空间渗透。

3. 延长屋顶的使用寿命

裸露屋顶在夏天高温时可以达到 50 ℃以上，而夜间降至 30 ℃以下，这就意味着防水层材料、连接处和其他材料都处于极度疲劳的状态。而屋顶花园由于具有蒸发、阴凉和大气循环的冷却效应，能够保护防水层不受气候、紫外线及其他损害，这样可以大大延长建筑的使用寿命。

4. 改善屋顶眩光，丰富城市景观

随着城市高层、超高层建筑的兴建，更多人将工作与生活在城市高空，不免要经常俯视楼下的景物。这些景物除露地绿化带外，主要是道路、硬质铺装场地和底层建筑物的屋顶。建筑屋顶的表面材料在强烈的太阳光照射下，反射出的刺目的眩光将损害人的视力。屋顶花园的建造，不仅减少了眩光对人们视力的损害，更美化了城市的景观。

5. 降低噪声

屋顶花园至少可以减少 3 dB 噪声，同时隔绝噪声效能达到 8 dB。这对于那些位于机场附近或有喧闹的迪斯科舞厅、大型设备的建筑来说最为有效。

6. 提供动植物栖息的场所

屋顶花园很少被打扰，环境优美，益虫可以找到一方生存的净土，鸟儿也可以找到一片栖息地。布满屋顶花园的城市就是在都市里建立了适合动植物栖息的大自然。

参 考 文 献

［1］ 单霁，郭嵘，卢军. 开放空间景观设计. 沈阳：辽宁科学技术出版社，2000

［2］ 李尚志. 水生植物造景艺术. 北京：中国林业出版社，2000

［3］ 赵建民. 园林规划设计. 北京：中国农业出版社，2001

［4］ 章俊华. 居住区景观设计. 北京：中国建筑工业出版社，2001

［5］ 郑强，卢圣. 城市园林绿地规划. 北京：气象出版社，2001

［6］ 张吉祥. 园林植物种植设计. 北京：中国建筑工业出版社，2001

［7］ 肖创伟. 园林规划设计. 北京：中国农业出版社，2001

［8］ 赵锡惟，梅慧敏，江南鹤. 花园设计. 杭州：浙江科学技术出版社，2001

［9］ 赵世伟，张佐权. 园林植物景观设计与营造. 北京：中国城市出版社，2001

［10］ 区伟耕. 园路·踏步·铺地. 杭州：浙江科学技术出版社，2002

［11］ 陈伟，黄璐，田秀玲. 园林构成要素实例解析——植物. 沈阳：辽宁科学技术出版社，2002

［12］ 应立国，束晨阳. 城市景观元素——国外城市植物景观. 北京：中国建筑工业出版社，2002

［13］ 徐峰. 城市园林绿地设计与施工. 北京：化学工业出版社，2002

［14］ 周益民. 室外环境设计. 武汉：湖北美术出版社，2002

［15］ 中国建筑学会. 城市环境设计. 沈阳：辽宁科学技术出版社，2002

［16］ 陈跃中. 休闲社区——现代居住环境景观设计手法探讨. 中国园林，2003，19（12）：12-16

［17］ 黄东兵. 园林规划设计. 北京：中国商业出版社，2003

［18］ 黄东兵. 园林绿地规划设计. 2版. 北京：高等教育出版社，2012

［19］ 李耀健. 园林植物景观设计. 北京：科学出版社，2013

［20］ 朱红霞. 园林植物景观设计. 北京：中国林业出版社，2013

［21］ 中国科学院自然科学史研究所. 中国古代建筑技术史. 北京：科学出版社，2000

［22］ 张国强. "园林"一词有多早. 中国园林，2007，23（6）：7

郑重声明

读者意见反馈

为收集对教材的意见建议，进一步完善教材编写并做好服务工作，读者可将对本教材的意见建议通过如下渠道反馈至我社。

咨询电话　400-810-0598
反馈邮箱　zz_dzyj@pub.hep.cn
通信地址　北京市朝阳区惠新东街4号富盛大厦1座
　　　　　高等教育出版社总编辑办公室
邮政编码　100029

防伪查询说明

用户购书后刮开封底防伪涂层，使用手机微信等软件扫描二维码，会跳转至防伪查询网页，获得所购图书详细信息。

防伪客服电话
（010）58582300

学习卡账号使用说明

一、注册/登录

访问http://abook.hep.com.cn/sve，点击"注册"，在注册页面输入用户名、密码及常用的邮箱进行注册。已注册的用户直接输入用户名和密码登录即可进入"我的课程"页面。

二、课程绑定

点击"我的课程"页面右上方"绑定课程"，在"明码"框中正确输入教材封底防伪标签上的20位数字，点击"确定"完成课程绑定。

三、访问课程

在"正在学习"列表中选择已绑定的课程，点击"进入课程"即可浏览或下载与本书配套的课程资源。刚绑定的课程请在"申请学习"列表中选择相应课程并点击"进入课程"。

如有账号问题，请发邮件至：4a_admin_zz@pub.hep.cn。